U0160763

国家出版基金项目
NATIONAL PUBLICATION FOUNDATION

火箭发动机手工焊接

高凤林　孙秀京　孔兆财　主编

中国宇航出版社

·北京·

图书在版编目（CIP）数据

火箭发动机手工焊接／高凤林，孙秀京，孔兆财主编．--北京：中国宇航出版社，2021.5

ISBN 978‑7‑5159‑1565‑4

Ⅰ．①火… Ⅱ．高… ②孙… ③孔… Ⅲ．①火箭发动机－焊接工艺 Ⅳ．①V43

中国版本图书馆 CIP 数据核字（2018）第 279474 号

责任编辑　舒承东	封面设计　宇星文化

出版
发行　**中国宇航出版社**

社　址　北京市阜成路 8 号　　　　邮　编　100830
　　　　（010）60286808　　　　　（010）68768548
网　址　www. caphbook. com
经　销　新华书店
发行部　（010）60286888　　　　（010）68371900
　　　　（010）60286887　　　　（010）60286804（传真）
零售店　读者服务部
　　　　（010）68371105
承　印　天津画中画印刷有限公司
版　次　2021 年 5 月第 1 版　　　2021 年 5 月第 1 次印刷
规　格　880×1230　　　　　　　开　本　1/32
印　张　7.75　　　　　　　　　　字　数　223 千字
书　号　ISBN 978‑7‑5159‑1565‑4
定　价　58.00 元（随书附赠视频光盘）

《火箭发动机手工焊接》
编写人员名单

主　编　高凤林　孙秀京　孔兆财

编　者　邹鹤飞　马广超　李雪飞　邢　斌
　　　　陈志凯　杨海鑫　王志东　马丽翠
　　　　岳海金　陈雪莹

前　言

　　火箭发动机是运载火箭的核心装置。在液体火箭发动机的全部组件中，推力室、燃气发生器、涡轮泵、火药起动器、换热器、机架、喷管等产品上均存在大量熔焊缝。由于发动机结构复杂，焊枪可达性差，大部分焊缝无法应用自动焊工艺，手工焊成为解决发动机部组件焊接的主要工艺方法。以 CZ – 3A 系列火箭三子级发动机为例，该发动机典型部组件上焊缝长度近 1000m，其中手工焊接所占比例达 95% 以上。

　　本书阐述了熔焊基本原理和主要应用对象，列举了常用设备及典型焊接缺陷，以便从事实际焊接操作的人员在阅读之后能够加深对焊接理论的理解；系统分析了影响手工焊接质量的主要因素，以便读者能够迅速抓住手工焊接质量的主要控制环节；最后，作者针对不同的焊接接头类型，以多年一线焊接实践为基础，结合焊接理论，给出了推荐的焊接操作技法，并列举分析了操作不当可能导致的缺陷和后果。所述内容严格遵循焊接基础理论知识要点要求，并在实际应用过程中不断检验和提升，通过了大量的产品服役验证，让读者能够对具体典型焊接结构的焊接手法产生更深刻的理解，进而达到提高焊接水平或相应认识的效果。此外，本书围绕提高手工焊接过程一致性的主线，深入论述了具体结构的焊接手法，向读者阐述了提高手工焊接过程一致性控制水平的重要性。

　　本书的主体内容以航天领域焊接特级技师 30 余年的实践工作经

验为基础，在研究对象方面选择了极具复杂焊接结构代表性的液氢液氧发动机部组件上的 Ⅰ 级焊缝。在焊接质量影响要素分析过程中，充分吸纳了高校、研究所专家的意见。在焊接理论的编辑过程中，充分借鉴了哈尔滨工业大学杨春利教授编写的《电弧焊基础》和田锡唐教授编写的《焊接结构》。

本书所论述手工焊接操作技法涵盖了发动机上多项复杂、难焊结构和材料，在这些结构的焊接工艺攻关过程中，形成了以获得国家科技进步二等奖的"复杂螺旋曲线空间轨迹高温合金薄壁方管焊接技术"为代表的数十项工程技术研究成果和学术论文。具体包括国家科技进步二等奖 1 项、国防科工局科技进步奖 1 项、中国运载火箭技术研究院技术改进奖 18 项，学术论文 8 篇。

本书主要面向从事与手工焊接生产相关的实际操作人员、工艺技术人员、质量管控人员、培训与考核人员、管理人员等生产企业内的读者群体，意在通过图书的出版，将作者及所在团队多年的理论积累、实际操作经验和珍贵的实际案例保存并传承下去，降低人员更替带来的知识成果遗失，服务于更多的工程技术群体，进而达到提高手工焊接过程一致性的目的。同时，通过本书的出版，可吸引更多的技术人员参与到手工焊接质量控制问题上来，从而进一步提升手工焊接过程控制水平。

由于水平不足，时间仓促，对于书中存在的不准确或错误之处，敬请读者批评指正。

作　者

2021 年 5 月

目　录

第1章 绪 言

1.1 火箭发动机是运载火箭的核心装置

火箭发动机是运载火箭的核心装置,是航天器探访宇宙的动力之源,火箭发动机技术的先进程度标志着一个国家航天技术的发展水平,被称为火箭"心脏"的发动机对每一次航天发射起着决定性作用。在我国航天事业六十多年从无到有、从弱到强的发展历程中,液体火箭发动机技术的发展占据着举足轻重的地位,为我国快速跻身世界航天大国之列做出了重要贡献。

火箭发动机以自身携带的推进剂作为工质,利用增压、燃烧等手段将推进剂转化为高温燃气,通过喷管形成高速射流而产生推力,其最大的特点是不受外界环境条件和飞行器速度的限制,能在大气层和大气层以外的空间工作,使飞行器达到预定速度和高度,实现有效载荷入轨,是运载火箭的理想动力方式。

伴随着近地轨道的开发与利用、载人航天、月球探测、载人登月、深空探测等战略性航天活动,运载火箭规模逐渐增大,技术不断提高,极大地牵引和推动了液体火箭发动机技术的发展。期间,研发了多种经典型号的液体火箭发动机,如保持发射次数最高的联盟火箭 RD – 107 液氧煤油主发动机、实现首次载人登月的土星 V 火箭 690t 级 F – 1 液氧煤油发动机、单台推力最大的 760t 级 RD – 170 液氧煤油补燃循环发动机、采用可重复使用技术的航天飞机主发动机 SSME 等,如图 1 – 1 所示。

RD-107(俄罗斯)　　　F-1(美国)　　　RD-170 (俄罗斯)　　　SSME (美国)

图 1 - 1　国外典型液体火箭发动机

1.2　液体火箭发动机广泛应用于火箭各级动力系统

　　液体火箭发动机以液体推进剂为工作介质，具有性能高、成本低、易于控制和调节、工作寿命长、使用灵活等显著特点，广泛用于运载火箭各级动力系统。典型液体火箭发动机如图 1 - 2 所示。液体火箭发动机是高温、高压、高热流密度的复杂系统，由发动机总装件、推力室、启动器、涡轮泵、压力容器、控制与测试系统、火

图 1 - 2　典型氢氧发动机双机

工品、传感器等组成，融合了热力、气动、燃烧、流体等多个学科，涉及机械、材料、化工等多种行业，其发展水平直接影响着航天运载水平高低，是一个国家进入空间、利用空间能力的重要标志，对国家科学技术发展有着重要带动作用，是综合国力的体现。多年来，各航天大国均积极研制运载火箭液体动力系统，致力打造航天发展的基石，"航天发展，动力先行"是航天发展的基本经验。

我国运载火箭液体动力从导弹武器动力起步。20世纪50年代，我国开始研制液氧酒精发动机，形成我国第一代液体火箭发动机。60年代，我国开始研制可贮存推进剂发动机，其中1964年开始研制的"东五"四氧化二氮/偏二甲肼火箭发动机逐步发展成为现役"长征"系列火箭的主发动机，形成我国第二代液体火箭发动机系列，拉开了我国探索、开发和利用外层空间的序幕，托举中国火箭和卫星、飞船、探测器飞向宇宙，实现了中华民族的飞天梦想和奔月梦想。

进入新世纪以来，在国防科工局强力支持下，我国运载火箭液体动力技术快速发展，向国际先进水平大步迈进。伴随着新一代运载火箭立项和研制，我国开展了120t级液氧煤油发动机、50t级氢氧发动机、18t级液氧煤油发动机、9t级氢氧膨胀循环发动机四型发动机和其他液体动力发动机的研制工作，掌握了以液氧煤油高压补燃发动机技术为主的一大批核心技术，打造了新一代环保型动力系统，实现了我国航天动力的更新换代。

与此同时，我国跟踪国外先进技术，启动了可重复使用液体火箭发动机和吸气式组合动力预先研究和关键技术攻关。近年来，根据重型运载火箭发展的需求，我国开展了500t级液氧煤油发动机和200t级液氧液氢发动机的论证和关键技术攻关。这两型液体火箭发动机的研制，将成为我国从航天大国向航天强国迈进的重要标志。50多年来，我国航天液体火箭发动机的事业完成了从仿制起步、自行研制到全面发展、创新提高的巨大蜕变，初步形成了液体火箭发动机研发、生产、试验体系框架，成为我国航天事业发展的基石。

运载火箭液体动力技术发展依赖于研发与制造能力的有力支撑。通过多年的艰苦奋斗和建设，我国建立并不断完善以设计、生产、试验等为代表的液体动力研制条件，在液体动力技术发展中起到了至关重要的作用。特别是近十年来，随着新一代运载火箭研制保障条件、探月工程研保条件、运载火箭高密度发射能力建设等项目的实施，我国在运载火箭液体动力系统研发设计、生产制造、试验验证等方面取得了长足进步。

当前，现役运载火箭液体动力系统面临高密度发射任务、新一代运载火箭发动机投入使用、重型运载火箭大推力发动机将开展研制、天地往返可重复使用动力技术需要保持与国际同步的新形势，非常有必要对现有的液体动力系统研制体系进行认真的梳理，统筹考虑未来一段时间内我国液体动力系统的发展需求，规划建设一个功能完善、技术先进、创新能力强的综合性运载火箭液体动力系统研发体系。

运载火箭液体动力系统研制体系工作的总体思路是：结合航天液体动力中长期技术发展战略，通过对在研型号和预先研究项目关键技术的梳理，明确关键技术的攻关所需配套的能力保障条件，论证运载火箭液体动力系统研制体系，同时通过现状和差距分析，明确重点能力建设项目和发展步骤。

1.3　氢氧火箭发动机在航天领域的应用愈加广泛

氢氧发动机使用液氢作为燃料、液氧作为氧化剂，与其他航天发动机相比，具备比冲高、无污染等明显优势，在国际航天领域已得到广泛应用，尤其是在大推力火箭发动机上的应用愈加广泛。

通常发动机单机布局是以推力室为核心的，以推力室的头部、身部作为主要组合件的安装基础，氢、氧涡轮泵对称安装在推力室两侧，两涡轮泵的轴线与推力室轴线平行，两泵入口垂直向上，其上安装氢、氧摇摆软管和氢、氧泵前阀，摇摆软管的上法兰有三个凸耳，通过支板与机架相固定。两泵出口沿切线方向经主导管和主汽蚀管分别与两主阀相连，氢主阀安装在推力室的氢集合器上，氧主阀安装在推力室的头部，两泄出阀分别和两主阀通过法兰相连接。氢副旁通阀和推进剂利用阀分别装在氢、氧主导管的引出嘴上。燃气发生器和两个火药起动器分别直立安装在氢涡轮进气导管上，氢、氧副控阀以及吹除单向阀分别安装在燃气发生器头部。供贮箱增压的换热器壳体和氢涡轮泵的排气锥设计为一体，氢、氦蛇形管安装在其内。两涡轮之间由燃气导管连接。推力室的头部、身部和喉部外侧的支板和加强环上安装和固定阀门组件盒、氧稳压阀、吹除单向阀以及增压、吹除、泄出、气控、遥测用金属软管。推力室头部中央焊有锥形承力座，其上安装常平座，并与机架对接。点火器安装在推力室头部的二孔座上，推力室承力座两侧开有两个孔，便于安装点火器时进行操作。发动机单机总体布局如图 1 - 3 所示。

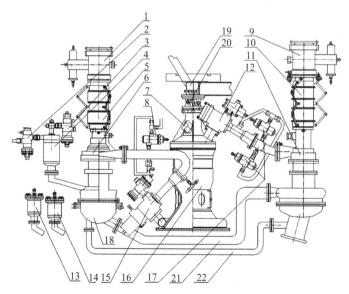

图 1 - 3　氢氧发动机单机总体布局

1—氢泵前阀；2—氢副控阀；3—氧副控阀；4—燃气发生器；5—氢摇摆软管；
6—氢涡轮泵；7—点火器；8—氢副旁通阀；9—氧泵前阀；10—氧摇摆软管；
11—氧涡轮泵；12—氧主阀；13—二次火药起动器；14—一次火药起动器；
15—氢主阀；16—推力室；17—推进剂利用阀；18—换热器；19—机架；
20—常平座；21—燃气导管；22—燃气分流管

1.4　氢氧火箭发动机手工焊接

氢氧发动机由推力室、大喷管、燃气发生器、壳体、阀门、氢氧涡轮泵、导管等组件组成，两台氢氧发动机单机由机架并联成双机，典型双机实物见图 1 - 2。在发动机的全部组件中，推力室、燃气发生器、氢涡轮泵、氧涡轮泵、二次火药起动器、一次火药起动器、换热器、机架、喷管等产品上均存在大量熔焊缝。发动机结构复杂，焊枪可达性差，大部分焊缝无法应用自动焊工艺，手工焊成为解决发动机部组件焊接的主要工艺方法。以 CZ - 3A 系列火箭三子级发动机为例，该发动机典型部组件上焊缝长度近 1000m，其中手工焊接所占比例达 95% 以上。

焊接是材料加工的一个重要门类，随着工业技术的快速发展，客户对焊接质量的要求不断提高。焊接是航天领域中应用较为广泛的一项热加工工艺技术，尤其在火箭发动机上的应用非常突出。因此，如何不断提高手工焊接质量成为现阶段工业领域的重要课题。

本书是一本创造性的图书，于国内率先全部以产品实际结构、实际案例为对象描述了手工焊接过程的具体操作方法。现阶段，国内未见有专门关于手工焊接具体操作技法及手工焊接过程一致性控制方面的研究成果及相关论著，相比之下，本书是一本重在指导现场实际操作的图书，与以往的纯理论图书及理论与实践相结合图书有着明显的不同，在焊接界内完成了一项突破性工作，对提升手工焊接过程控制水平具有重要意义。此外，本书所分析的焊缝均为Ⅰ级焊缝，因此，对Ⅰ、Ⅱ、Ⅲ级焊缝均有较好的参考价值，具有广泛的应用前景。

本书尤其适用于在军品生产领域从事一线手工焊接操作的技能工人，并可作为焊工上岗前的培训教材之一。本书对从事材料加工技术研究的工艺技术人员、从事发动机型号管理的工艺及质量方面的管理人员、从事手工焊接操作控制技术研究的工程技术人员亦有指导意义。本书所述内容同时可拓展至工业领域的相近产品，尤其对重工、船舶、压力容器等民用领域从事相似结构手工焊接的相关工程技术人员具有较大的参考和借鉴价值。此外，本书可作为高校焊接专业的选修教材之一，通过本书的学习，可让在校学生对一线焊接生产产生更为深刻的理解和认识，对焊接专业毕业生综合素质培养具有一定的促进作用。

第2章　手工焊接概述

2.1　基本概念

2.1.1　焊接

金属焊接是指通过适当的手段，使两个分离的金属物体(同种金属或异种金属)产生原子(分子)间结合而连接成一体的连接方法。

2.1.2　熔焊

熔焊是以被连接材料和填充材料在焊接过程中的熔化和凝固为基本特征的焊接方法。常用的熔焊方法包括电弧焊、电渣焊、电子束焊和激光焊等。

2.1.3　手工焊接

手工焊接是指操作者直接手持焊具进行焊接操作的焊接方法。

2.1.4　焊缝定义及分类

焊缝，即焊件经焊接后所形成的结合部分。根据不同的角度，焊缝具有不同的分类方式，常见的焊缝划分如下：

1)考虑焊缝的使用需求，可分为定位焊缝、承载焊缝和密封焊缝；

2)根据焊缝的延续形式，可分为连续焊缝、断续焊缝；

3)根据焊缝轨迹类型的不同，可分为纵向焊缝、横向焊缝、环缝、螺旋形焊缝；

4)根据焊件接头形式的不同，可分为对接焊缝、角焊缝、端接焊缝、塞焊缝和槽焊缝。

2.1.5　焊接接头定义及分类

焊接接头，即由两个或两个以上零件用焊接方法连接的接头。检验接头性能应考虑焊缝、熔合区、热影响区甚至母材等不同部位的相互影响。根据焊件近缝表面几何关系的不同，可分为对接接头、角接接头、T 型接头、搭接接头、十字接头、端接接头、卷边接头、套管接头、斜对接接头、锁定接头等。

2.2　手工焊接设备

2.2.1　焊接电源

按焊接电源的不同，焊机通常分为直流焊机、交流焊机及交直流两用焊机。焊接电源具有陡降外特性或恒流外特性，有利于焊接电流的稳定。目前市场上具备焊接电源研制生产能力的厂家较多，一般情况下价格相对低廉的国产焊接电源可作为首选。若对焊接质量要求较高，则需引入国外焊接电源，图 2-1 所示为 Miller 焊接电源。

图 2-1　典型的 Miller 焊接电源

2.2.2 保护气回路

典型的氩气保护气路包括氩气瓶、流量计、保护气导管、电磁阀等。氩弧焊机通常在其内部设置电磁气阀，保护气受引弧与熄弧动作的控制导通或阻断。典型的氩气保护气路如图 2 - 2 所示。

 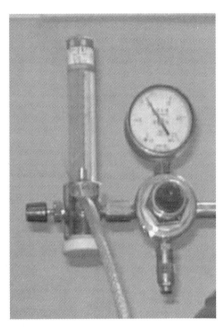

(a) 氩气瓶　　　　　　　　　　(b) 保护气导管、减压阀

图 2 - 2　典型的氩气保护气路

2.2.3 冷却水路

水路由水冷机、流量开关和水管组成。对于电流较小、时间较短的焊接，可不进行水冷。对于较大电流下的焊接要对焊枪进行水冷，并使用冷却水自动循环装置，如图 2 - 3 所示。

图 2 - 3　典型 Miller 焊接电源用冷却水循环系统

2.2.4　地线电缆

地线电缆用于将焊接电源另一级(对应钨极)的输出接到待焊工件上。

2.2.5　手持焊具

手持焊具有空冷式和水冷式焊枪,分别有各自的许用电流值。焊枪内部结构包含电缆、水路、气路、电极夹、电极换装及喷嘴,另设引弧开关。

2.2.6　焊工帽

电焊工在施焊时,电焊机两极之间的电弧放电会产生强烈的弧光(主要包括可见光、红外线和紫外线),这种弧光能够伤害电焊工的眼睛,造成电光性眼炎,电焊工应使用符合劳动保护要求的面罩

（焊工帽），如图 2 - 4 所示。即便如此，仍建议在长时间进行焊接作业的情况下应注意间歇性休息，尤其需要给予眼睛留下充足的休息时间。

(a) 常规手持式焊工帽　　　　　　　　(b) 头戴式焊工帽

图 2 - 4　典型焊工帽

2.3　手工焊接工艺特点及应用

2.3.1　手工钨极氩弧焊接工艺特点

钨极氩弧焊（TIG）的优点是能够实现高品质焊接，得到优良焊缝。这是由于保护气体以一定的流量从焊枪的喷嘴喷出，在电弧周围形成气体保护层将空气隔离，防止大气中的氧、氮、氢等气体对钨极、熔池的有害作用；钨电极与母材间产生的电弧在惰性气氛中极为稳定，焊缝美观、平滑。热输入量调节容易，焊接操作容易进行，应用范围广。但 TIG 使用的氩气的价格稍显昂贵。由于钨电极承载电流能力有限，多数情况用在厚度 6mm 以下焊件的焊接上，而对于厚度更大的工件，TIG 可作为打底焊接，从而保证焊缝背面的成型质量。近年来，随着富氩保护气氛的推广使用，TIG 焊工艺可焊材料厚度得到增加，适用范围及领域相应进一步拓宽。

2.3.2　手工钨极氩弧焊接应用

钨极氩弧焊可以焊接各种工业结构金属，应用在各行各业中，尤其在航天、航空领域得到广泛应用。该工艺方法可实现各种钢材、有色金属、合金的焊接以及金属基复合材料的焊接，其中对有色金属及其合金、不锈钢、高温合金、钛及钛合金、难熔的活性金属以及不锈钢/高温合金、不锈钢/镍等异种金属的焊接最具优势。既可以焊接厚件，也可以焊接薄件；既可以对平焊位置焊缝进行焊接，也适合于各种空间焊缝焊接，比如仰焊、横焊、立焊、角焊缝、全位置焊缝、空间曲面焊缝等。

2.4　手工焊接常识

2.4.1　钨极材料及形状

（1）钨极材料

钨电极材料熔点高，高温性能较好，但在 3000K 以上的电弧温度作用下电极本身也会产生烧损，因此如何维持钨电极形状的稳定性、减少钨电极的烧损是很重要的。目前主流使用的钨电极包括纯钨电极、钍钨极、铈钨极，一些性能更好的新材料也在发展中。

1）相对而言，纯钨电极在电弧中的消耗较多，需经常重新磨削，一般用在交流 TIG 焊中，此种情况下钨电极不需要保持一定的前端角度形状。

2）钍钨极是在钨中加入少量的氧化钍，与纯钨极相比，电极前端的熔化、烧损少，并且易于引弧，一般可用于电弧点焊或直流正接焊。但因在某些材料交流焊中会增加直流分量，因此不宜用于交流焊。

3）随着焊接技术的发展，钍钨极的小电流下电弧稳定性等一些性能越发难以满足要求，且考虑到钍具有放射性，因此在纯钨材料中加入氧化铈而成的铈钨极体现出其优越性：在相同的规范下，弧束较细长，光亮带较窄，温度更集中；最大许用电流密度提高 5% ~

8%；中极使用寿命延长；引弧性及稳定性更好。

4）此外，一些新兴的锆钨极、镧钨极、钇钨极等电极材料因其各自具备不同的特点也在逐渐得到应用。

（2）钨极前端形状及应用

根据极性及使用的焊接电流值，钨极前端通常采用如图 2 - 5 所示的几何形式。直流正极性焊接，钨极前端角度为 30°～50°时，电弧向母材的吹力最强。多数直流正极性焊接都要求有较大熔深，因此在焊接电流 200A 以下可以采用这一电极角度。

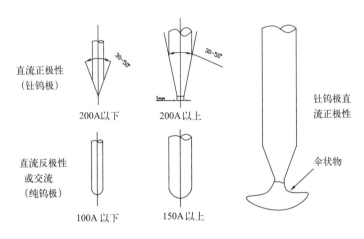

图 2 - 5　典型的钨极前端几何形状

当焊接电流超过 200A 后，电极前端处于更高的温度，同时随电弧吹力的增加，保护状态会有所恶化，电极前端形成伞形，电极伞形前端形成后虽然仍可以维持稳定的焊接，但焊接结束后需要重新更换电极。

当焊接电流超过 250A 后，电极前端会产生熔化损失，因此，需要在焊接前把电极前端磨出一定尺寸的平台。大电流焊接时，电极前端具有一定尺寸的平台，对焊接结果没有不良影响。

直流反极性和交流焊接时，同一电流下，电弧对电极的热输入大于直流正极性的情况，同时电流也不是集中在阳极的某一区域，这时把电极前端形状磨成圆形最为合适。如果所使用的焊接电流处于电极最大允许电流值附近，则无论电极开始是何种形状，一旦电弧引燃，电极前端熔化，自然形成半球形。

2.4.2　常见手工钨极氩弧焊接工艺

（1）直流焊接

直流焊接又可分为直流正极性焊接和直流反极性焊接。直流反极性焊接时，电极产热较多，通常只能用在 100A 以下，但此种情况下电弧对铝合金等材料的表面氧化膜具备清理作用；直流正极性焊接为所有电弧焊方法中最为稳定的。虽不具备清理氧化膜的作用，但电弧热量大部分用于熔化母材，焊缝深而窄，电极损耗小，电弧稳定性好，应用范围较广。

（2）交流焊接

交流焊接部分吸收了直流正极性焊接与直流反极性焊接的优点，即具备一定程度的氧化膜清理功能，可使母材达到一定的焊缝熔深；部分规避了直流正极性焊接与直流反极性焊接的劣势，即电极烧损相对适中，应用材料相对较多。

（3）低频脉冲焊

脉冲是指通过在焊接电源中改进一定功能，使得原来平稳的直流输出调整为波动输出，该波动输出具备波动频率（通常在 0.5 ~ 10Hz）及稳定性，有以下工艺特点：电弧线能量低；便于精确控制焊缝成型；适于难焊金属的焊接。脉冲电流的各项参数的作用不同，通常对基值电流的选取以保证维持电流稳定燃烧即可，决定电弧能量和电弧力的参数是峰值电流、峰值时间和脉冲频率。

（4）高频脉冲焊

与低频脉冲焊相比，高频脉冲焊频率提高到 20 ~ 30kHz 的范围，电弧集中、挺直性好、小电流下电弧燃烧稳定，适于超薄板（0.5mm 以下）焊接、高速焊接、坡口内焊接可得到可靠熔合，且焊缝组织性能好。

2.4.3　先进手工焊接技术

近年来，随着工业技术的不断发展，一些先进科学技术在手工焊接方面的应用愈加广泛，也进一步促进了先进手工焊接技术的出现和应用。现阶段，典型先进手工焊接技术包括以下方面。

（1）手工焊接过程监测技术

手工焊接过程中，影响焊缝质量的因素较多，包括焊接电流、焊接电压、保护气流量等设备因素及操作姿态、焊接速度等动作因素。但受技术发展水平限制，上述因素一直难以形成有效的实时记录和存储，焊接质量控制及分析工作难以开展。基于此，德国 HKS 公司率先提出了焊接过程监测系统的概念，研制出适用于电流、电压、保护气流量等设备因素的监测系统，并在实际生产中得到了大量的运用。近来，受 HKS 公司影响，国内一些高校正着力开展这方面研究工作，目前已能够实现设备因素的有效监控和分析。未来，影响手工焊接质量的姿态、速度等动作因素将成为该技术的重点研究和发展方向。

（2）手工焊接过程仿真模拟技术

基本上，每一位从事焊接相关工作的人都听过一个说法，即"国家培养一名优秀焊工的经费基本相当于与这个焊工等重的黄金的价值"，由此可见，一名优秀焊工的培养成本是非常高的，同时周期也比较长，而焊工是有害工种，退休年龄比常规工种要早 5～10 年。因此，如何缩短焊工培养周期，压缩焊工培养成本，成为焊接领域的一个热门话题。

俄罗斯人在这方面最先取得了突破，他们开发了一种焊接操作仿真模拟技术，能够在线模拟焊工的操作效果。通过该技术的应用，有效降低焊工培养成本和培训周期，显著推进了手工焊接技术的发展。目前，国内在这方面也取得了一定成绩，也有类似产品出现。

（3）A－TIG 焊接技术

钨极氩弧焊（TIG）一般适用于精密焊接及高质量焊接场合，可获得高纯净度的优质焊缝，是一种较为理想的焊接方法。但受许用电流的限制，TIG 的单道熔深较浅，为了解决这个问题，20 世纪 60 年代末，乌克兰巴顿焊接研究所的专家根据焊缝中微量元素影响焊缝熔深的现象，逐步发明了 A－TIG 技术。如图 2－6 所示，所谓 A－TIG（Activating flux TIG）即活性 TIG 焊接，就是在被焊材料表面均匀地涂上一层很薄的细粒状活性助焊剂，然后实施常规 TIG 焊接方法。

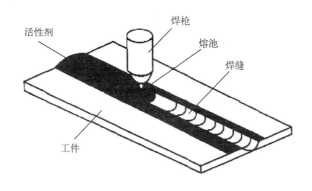

图 2-6 活性剂 TIG 焊接过程示意图

　　该方法克服了钨极氩弧焊单道焊接熔深浅、对材料成分变化敏感、生产效率低等缺陷，焊接熔深显著增加，而熔宽几乎保持不变（如图 2-7 所示），同时使焊接过程简化，提高焊接生产效率，大大降低了生产成本。目前已在不锈钢、钛合金、镍合金焊接方面积累了较多的研究成果。

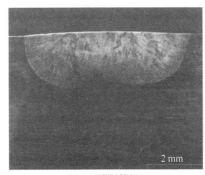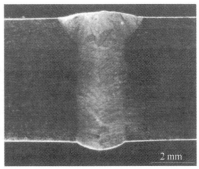

(a) 不涂敷活性剂　　　　　　　　(b) 涂敷活性剂

图 2-7 活性剂对 TIG 焊接熔深和熔宽的影响对比

乌克兰的巴顿焊接研究所是最早研究 A – TIG 焊接技术的，现在已将该技术推广应用于能源生产、汽车工业、航天、化学工业和动力机械等工业领域。基于 A – TIG 技术的显著优势，国内高校及相关研究所较早地进入了这一领域，并开展了机理研究和典型材料工艺研究。一些企业尝试在活性剂添加方式上进行改进研究，并开发了活性剂喷罐类产品，目前已在管道焊接等部分工业领域得到了应用。

2.4.4 典型焊接缺陷

与其他焊接方法相比，钨极氩弧焊焊缝品质优良，但在操作不当或工艺参数不合理的情况下，同样可能会出现缺陷。常见焊接缺陷包括夹钨、裂纹、气孔、未焊透及其他外观缺陷。典型缺陷如图 2 – 8 所示。

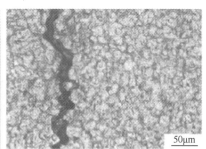

(a)夹钨缺陷　　　　　　　(b) AZ61镁合金氩弧焊焊缝结晶裂纹

(c) AZ31镁合金氩弧焊焊缝气孔

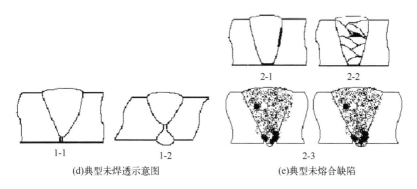

(d)典型未焊透示意图　　　　　　(e)典型未熔合缺陷

图2-8　典型氩弧焊接缺陷

2.4.5　焊前清理工作

焊前清理主要包括机械清理、化学清理及有机溶剂清理三个方面，其根本目的在于为待焊部位创造适宜的焊接环境。焊前清理对于获得优质焊接质量具有重要的影响，焊工应高度重视。

（1）机械清理

即采用钢刷等工具，对待焊部位进行氧化膜清理，通常以待焊部位表面打磨光亮为宜，特殊产品需注意打磨金属毛屑的多余物处理。

（2）化学清理

即采用碱洗或酸洗的办法，对待焊零件进行表面除油、除锈工作。

（3）有机清理

即采用丙酮、汽油等有机溶剂对待焊零件表面进行去油清理的方法。

2.4.6　焊后清理工作

焊后清理工作也是产品焊接质量控制的关键环节。一般在工业生产中，焊缝内外表面残留的焊渣均需要进行清理。另外，对于设计有特殊要求的产品（如管路），为满足设计指标要求，常常需要进行焊缝正面余高清理或焊缝背面焊瘤清理。

第3章 金属的焊接性

3.1 基本概念

3.1.1 金属焊接性

金属焊接性指金属是否能适应焊接加工而形成完整的、具备一定使用性能的焊接接头的特性。具体是指：金属在焊接加工中是否容易形成缺陷；焊接完成的接头在一定的使用条件下可靠运行的能力。采用的评价标准为：如果某种金属采用简单的焊接工艺就可获得优质焊接接头并且具有良好的使用性能或满足技术条件的要求，就称其焊接性好；如果只有采用特殊的焊接工艺才能避免缺陷，或者焊接热过程会使接头热影响区性能显著变坏以致不能满足使用要求，则称其焊接性差。

3.1.2 影响焊接性的因素

影响材料焊接性的主要因素有：材料因素、设计因素、工艺因素、使用因素。

（1）材料因素

材料是指用于制造结构的金属材料及焊接所消耗的材料。前者称为母材或基本金属，即被焊金属；后者称为焊接材料，包括焊条、焊丝、焊剂、保护气体等。

材料因素包括化学成分、冶炼轧制状态、热处理状态、组织状态和力学性能等。其中化学成分（包括杂质的分布与含量）是主要的影响因素。碳对钢的焊接性影响最大。含碳量越高，焊接热影响区的淬硬倾向越大，焊接裂纹的敏感性越大。也就是说，含碳量越高，焊接性越差。除碳外钢中的一些杂质如氧、硫、磷、氢、氮以及合金钢中常用的合金元素锰、铬、钴、铜、硅、钼、钛、铌、钒、硼等都不同程度地增加了钢的淬硬倾向，使焊接性变差。

若焊接材料选择不当或成分不合格，焊接时会出现裂纹、气孔等缺陷，甚至会使接头的强度、塑性、耐蚀性等使用性能急剧下降。

（2）设计因素

设计因素是指焊接结构在使用中的安全性不但受到材料的影响，而且在很大程度上还受到结构形式的影响。例如结构刚度过大或过小，断面突然变化，焊接接头的缺口效应，过大的焊缝体积以及过于密集的焊缝数量，都会不同程度地引起应力集中，造成多向应力状态而使结构或焊接接头脆断敏感性增加。

（3）工艺因素

工艺因素包括施焊方法（如手工焊、自动焊、埋弧焊等）、焊接工艺（包括焊接规范参数、焊接材料、预热、后热、装配焊接顺序）和焊后热处理等。在结构材料和焊接材料选择正确、结构设计合理的情况下，工艺因素是对结构焊接质量起决定性作用的因素。

（4）使用因素

使用因素指焊接结构的工作温度、负荷条件（动载、静载、冲击、高速等）和工作环境（化工区、沿海及腐蚀介质等）。一般来说，环境温度越低钢结构越易发生脆性破坏，承受交变载荷的焊接结构易发生疲劳破坏。

3.2　如何分析金属的焊接性

3.2.1　从金属的特性分析焊接性

（1）化学成分

1）碳当量法。钢材中的各种元素中，碳对淬硬及冷裂影响最显著，所以有人将钢材中各种元素的作用按照相当于若干含碳量折合并累加起来，求得所谓的"碳当量"（C_E），以 C_E 值的大小估价冷裂纹倾向的大小，认为 C_E 值越小，钢材的焊接性能越好。

碳当量公式没有考虑元素之间的交互作用，也没有考虑板厚、结构拘束度、焊接工艺、含氧量等因素的影响，因而用碳当量评价焊接性是比较粗略的，使用时应注意条件。

2)焊接冷裂纹敏感系数。除碳当量外，焊接冷裂纹敏感应考虑到焊缝含氢量和焊接接头拘束度。

(2)利用物理性能分析

金属的熔点、导热系数、密度、线胀系数、热容量等因素均会对热循环、熔化、结晶、相变等过程产生影响。

(3)利用化学性能分析

铝、钛合金与氧的亲和力较强，在焊接高温下极易氧化，因而需要采取较可靠的保护方法，如惰性气体保护焊、真空中焊接等。

(4)利用合金相图分析

主要是分析热裂纹倾向。依照成分范围，查找相图，可知道结晶范围，脆性温度区间的大小，是否形成低熔点共晶物，形成何组织等。

(5)利用热动力学曲线图或连续冷却组织转变图分析

主要是利用焊接热循环或冷却曲线来分析焊接过程及形成焊接接头后的材料组织相变行为，通过组织相变的情况分析金属材料的焊接性。

3.2.2　从焊接工艺条件分析焊接性

(1)热源特点

各种焊接方法所采用的热源在功率、能量密度、最高加热温度等方面有很大的差别，使金属在不同工艺条件下焊接时显示出不同的焊接性。

电渣焊：功率很大，能量密度很低，最高加热温度也不高，加热缓慢，高温停留时间长，焊接热影响区晶粒粗大，冲击韧度下降。

电子束焊、激光焊：功率小、能量密度高、加热迅速、高温停留时间短、热影响区窄、没有晶粒长大危险。

(2)保护方法

保护方法是否恰当也会影响金属的焊接性。

(3)热循环的控制

正确选择焊接工艺规范，控制焊接热循环；预热、缓冷、层间温度的控制过程都可改变焊接性。

（4）其他工艺因素

彻底清理坡口及其附近表面的杂质和油污；焊接材料处理、烘干、除锈；保护气体要提纯、去杂质后使用；合理安排焊接顺序；正确制定焊接规范。

3.3　合金结构钢的焊接

3.3.1　合金结构钢

合金结构钢：在碳素钢基础上加入一定的合金元素来达到所需要求的钢种称为合金结构钢，包括：强度用钢（热轧正火钢、低碳调质钢、中碳调质钢）和专用钢。应用范围：机械零件、工程机械、交通运输工具、桥梁、建筑结构、管道等。新发展的金属材料：微合金控轧钢；焊接无裂纹钢；抗层状撕裂钢；大线能量焊接钢等。表 3 - 1 所示为合金结构钢的分类。

表 3 - 1　合金结构钢的分类

类　别		钢种牌号示例
强度用钢	热轧正火钢　$\sigma_r = 294 \sim 490\text{MPa}$	09Mn2（Cu），09Mn2Si，16Mn（Cu），14MnNb，15MnV，16MnNb，15MnTi（Cu），15MnVN，18MnMoNb，14MnMoV
	低碳调质钢　$\sigma_r = 490 \sim 980\text{MPa}$	16MnMoVN，14MnMoNbB，T - 1，HT - 80，HY - 80，HY - 130
	中碳调质钢　$\sigma_r \geqslant 880 \sim 1176\text{MPa}$	35CrMoA，35CrMoVA，30CrMnSiA，30CrMnSiNi2A，40CrMnSiMnA，40CrNiMoA，34CrNi3MoA
特殊用钢	耐蚀钢　石油、化工耐蚀钢	12AlWTi，12Cr2AlMoV，12AlMoV，15Al3MoWTi，5Cr0.5Mo，9Cr1Mo
	耐蚀钢　海水、大气耐蚀钢	09MnCuPTi，02MnPRe，12MnPNbRe，10NiCuP，08CrNiCuP
	低温钢	09Mn2V，08AlCuNbN，3.5%Ni，9%Ni
	珠光体耐热钢	15CrMo，$2\frac{1}{4}$Cr1Mo，12Cr1MoV，15CrMo1V，20Cr3MoWV，12Cr3MoVSiTiB，5Cr0.5Mo，9Cr1Mo

3.3.2　热轧正火钢的焊接

3.3.2.1　热轧正火钢典型钢种成分及性能

(1)热轧钢

σ_s：294～343MPa。

成分：含 C 量较低的 C－Mn，Mn－Si 系列，通过固溶强化获得高强度，或在特殊状态下以 V、Nb 代替部分 Mn，以达到细化晶粒和沉淀强化的作用。

组织：细晶铁素体＋珠光体。

典型钢种：16Mn。

(2)正火钢

固溶强化基础上，通过细化晶粒和沉淀强化提高强度、保证韧性的低合金高强钢。正火的目的是使合金元素以细小的化合物质点从固溶体中充分析出，在细化晶粒、提高强度的同时改善塑性、韧性，达到最佳的综合性能。

σ_s：343～490MPa。

成分：C－Mn，Mn－Si 系列基础上加入一些碳化物和氮化物的形成元素 V、Nb、Ti、Mo 等。

(3)热轧正火钢的发展

微合金控轧钢是热轧正火钢中的一个重要分支。它采用了微合金化(加入微量 Nb、V、Ti 等)和控制轧制等新技术来达到细化晶粒和沉淀强化相结合的效果，同时从冶炼工艺上采取了降 C、降 S、改变夹杂物形态、提高钢的纯净度等措施，使钢具有均匀的细晶粒铁素体基体。因此这类钢在轧制状态下就具有相当于或优于正火钢的质量。焊接无裂纹钢实质是含碳量很低的微合金化正火钢。Z 向钢是在某一等级结构钢(称为母级钢)的基础上经过特殊冶炼、镇静处理和适当热处理的钢材。由于在冶炼中采用钙或稀土处理以及真空除气等特殊措施，Z 向钢具有低 S、低气体含量和高的 Z 向(即厚度方向)断面收缩率等特点。

3.3.2.2　热轧正火钢的焊接性分析

（1）焊缝中的热裂纹

图 3 - 1 为热裂纹形态及钢中合金元素对产生热裂纹的影响。

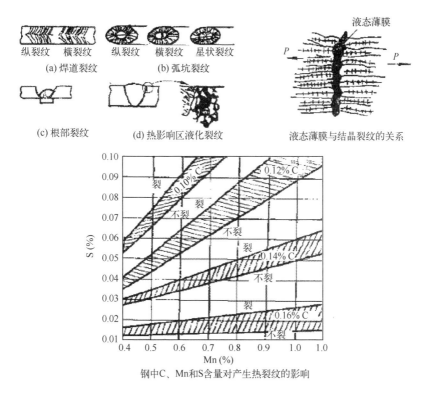

图 3 - 1　热裂纹形态及钢中合金元素对产生热裂纹的影响

1）具有较好的抗热裂性能。

2）当材料成分不合格，或因严重偏析使局部碳、硫含量偏高时 Mn/S 比就可能低于要求而出现热裂纹。

3）硫对形成热裂纹起直接作用，钢中的 C、Si、Ni 促进有害作用，Mn 抵消有害作用。

4）含 C 量 0.12 %，Mn/S 不应低于 10；含 C 量 0.16%，Mn/S 应大于 40。

（2）冷裂纹

①淬硬倾向与冷裂倾向的关系

1）热轧钢含 C 量不高，但含有少量的合金元素，这类钢的淬硬倾向比低碳钢的淬硬倾向大，并且随着钢材强度级别的提高淬硬倾向逐渐增大。

以 16Mn 钢和低碳钢为例分析淬硬倾向与冷裂倾向的关系。16Mn 钢在快速冷却时（厚板手工电弧焊时的冷却速度）铁素体析出后，剩余的富碳奥氏体来不及转变为珠光体而转变成高碳马氏体和贝氏体。从 16Mn 钢和低碳钢的 CCT 曲线估计，焊接 16Mn 钢时会出现少量铁素体、贝氏体和大量马氏体；焊接低碳钢时会出现大量铁素体，少量珠光体和贝氏体，以及更少量的马氏体。

2）正火钢的强度级别较高，合金元素含量较多，高温转变区较稳定，焊接冷却下来易得到贝氏体和马氏体。因此，其冷裂纹倾向随着强度级别的提高而增大。

②碳当量与冷裂纹倾向的关系

可以通过一些经验性的碳当量公式来粗略地估计不同钢材的冷裂倾向。以 C_E 为例，一些技术条件中规定了最高 C_E 值，有时还同时规定了含碳量，如规定 $C_E \leqslant 0.40\%$，$W(C) \leqslant 0.12\%$。但对含碳量低的钢材，允许 C_E 值更高些［如 $W(C) = 0.08\%$ 的钢材，允许 $C_E = 0.50\%$］。

1）热轧钢碳当量都比较低，除环境温度很低或钢板厚度很大，一般情况下其裂纹倾向都不大。

2）正火钢碳当量不超过 0.5% 时，淬硬倾向比热轧钢大，但不算严重，焊接性尚可。但对于厚板往往需要进行预热。碳当量大于 0.5% 时钢的淬硬倾向和冷裂倾向逐渐增加。

防止措施包括严格控制线能量、预热和焊后热处理等。

③热影响区的最高硬度值与冷裂倾向关系

为避免产生对冷裂敏感的淬硬组织，可将热影响区的最高硬度控制在某一刚好不出现冷裂纹的临界值；反过来也可根据测得的热影响区的最高硬度值来判断材料的冷裂倾向和确定预热温度。

（3）再热裂纹

1）C – Mn 和 Mn – Si 系热轧钢对再热裂纹不敏感，例如 16Mn。

2）正火钢中有一些含有强碳化物形成元素，但实践证明它对再热裂纹不敏感，例如 15MnVN。

3）正火 + 回火钢如 18MnMoNb、14MnMoV 则有轻微的再热裂纹敏感性，可提高预热温度和焊后立即后热来防止再热裂纹的产生。

（4）层状撕裂

层状撕裂的产生不受钢种和强度的限制，它主要发生于厚板结构中（在热影响区甚或远离热影响区的母材中）。在低碳钢、热轧钢、正火钢中都可能发生层状撕裂。如大型船舶、海上平台中某些结构的截面厚度较大，结构上又存在较多的 T 型、十字型接头，构件厚度方向（Z 向）承受较大拉伸应力。在这种情况下，只要钢中存在片状硫化物与层状硅酸盐或大量成片地密集于同一平面内的氧化铝夹杂物，就有可能导致 Z 向塑性降低，沿钢材轧制方向发生阶梯状的层状撕裂。一般板层小于 16mm 时就不容易发生层状撕裂。一般认为 Z 向收缩率 >20% 钢材就可以避免层状撕裂。合理选用层状撕裂敏感性较低的钢材（如 Z 向钢），改善接头形式以及降低钢板 Z 向所承受应力应变，在满足产品使用要求前提下选用强度级别较低的焊接材料或预堆低强焊缝，采用预热及降氢等措施，都有利于防止层状撕裂。图 3 - 2 所示为各种接头中的层状撕裂。

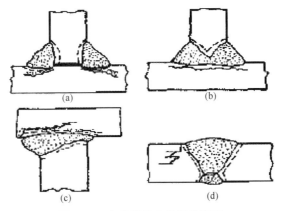

图 3 - 2　各种接头中的层状撕裂

（5）热影响区的性能变化

①过热区脆化

焊接接头被加热到1200℃至熔点以下的区域，由于温度高发生了奥氏体晶粒的显著长大和一些难熔质点（如氮化物或碳化物）的熔入。熔入的难熔质点在冷却过程中，来不及析出会使材料变脆；过热粗大的奥氏体冷却下来会转变成魏氏体、粗大的马氏体及塑性很低的铁素体、高碳马氏体和贝氏体的混合组织和 M－A 组元，因此过热区的性能变化取决于在高温的停留时间、影响冷却速度的焊接线能量和钢材的类型及合金系列。不同种类的钢合金化机理和强化途径不同，引起过热区脆化的原因也不同。

1）热轧钢。

焊接线能量过大：导致冷速过慢，过热区将因晶粒长大或出现魏氏组织等而使韧性降低。

焊接线能量过小：由于过热区组织中马氏体比例增大而使韧性降低，在含碳量偏高时较明显。

过热区性能的脆化不仅取决于影响高温停留时间和冷却速度的焊接线能量，也与钢材化学成分有关，如图 3－3 所示。以 COD 值表示断裂韧性的大小。

0.17C－1.1Mn 钢（属于热轧钢）0℃时，没有出现脆性，在试验温度降低（－40℃）时，因受线能量影响而表现出韧性下降。

2）含 V、Nb 的正火钢。

焊接时线能量过大：会导致过热区沉淀相固溶，这时 V、Nb 的碳、氮化合物细化晶粒、抑制奥氏体长大的作用大大削弱，过热区奥氏体晶粒显著长大，冷却过程中可能产生一系列不利的组织转变，如魏氏体、粗大的马氏体、塑性很低的混合组织（铁素体、高碳马氏体和贝氏体）和 M－A 组元，再加上过热区金属碳、氮固溶量的增加，导致过热区韧性降低和时效敏感性增加。

含 Nb 钢最佳韧性的线能量范围很窄，而 C－Mn 钢的较宽。这说明正火钢的过热敏感性较热轧钢大。

3）含钛正火钢（Ti 含量约 0.22%）。

线能量过大时：过热区的 TiN、TiC 都向奥氏体内溶入。由于钛

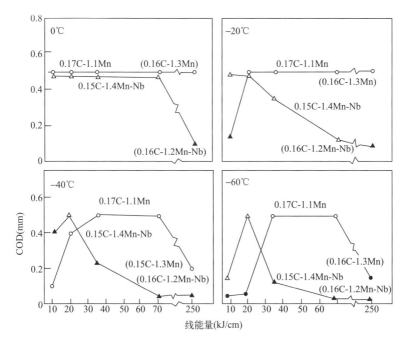

图 3-3　过热区 COD 值与焊接线能量的关系

的扩散能力低，在随后的冷却过程中，即使大线能量条件下也来不及析出而停留在铁素体中，显著提高了铁素体的显微硬度，降低了材料的冲击韧性。这就是为什么近代研究的大线能量钢中的含钛量都限制得很低（约 0.02%）。

预防措施：采用小线能量。

②热应变脆化

产生区域：热影响区中发生过塑性变形同时受热温度在 ACl 以下，尤其最高加热温度在 200~400℃ 的区间。

产生原因：一般认为这种脆化是由于氮原子聚集在位错周围，对位错造成钉扎作用所引起的。

发生材质：固溶氮含量较高的低碳钢和强度级别不高的低合金钢中。如造船中常用的 16Mn、16MnC（热轧钢）就具有一定的热应变脆化倾向。

钢中如果加入足够量的氮化物形成元素(如 A1、Ti、V 等),脆化倾向就显著减弱。如含 A1 的 HT50 钢(正火钢)热应变脆化倾向比普通 HT50 钢低得多。

消除措施:焊后消除应力退火。

经验得出:16Mn 焊后经 600℃、1h 的退火处理,韧性有很大提高。

3.3.2.3 热轧正火钢的焊接工艺特点

热轧正火钢对焊接方法无特殊要求,常用的焊接方法如手工电弧焊、埋弧焊、气体保护焊和电渣焊都可选用。方法的选取主要根据材料的厚度、产品结构和具体施工条件来确定。

(1)焊接材料的选择

①选择相应强度级别的焊接材料

选择焊接材料的目的是使焊缝无缺陷和满足焊接接头的使用性能。

热轧正火钢焊接时热、冷裂倾向不大。选择焊接材料应考虑与母材机械性能相等强度级别的焊接材料,在没有特殊要求的前提下,一般不考虑焊接材料的化学成分,如果选择与母材化学成分相同的焊接材料,由于焊接时冷却速度很大,将使焊缝金属具有特殊的过饱和铸态组织,焊缝金属的性能表现为强度很高,而塑性、韧性很低,这对焊接接头的抗裂性能和使用性能是不利的。表 3-2 为热轧及正火钢常用的焊接材料。

焊缝含碳量一般要求≤0.14%,其他合金元素低于母材含量。

②考虑熔合比和冷却速度的影响

焊缝金属的机械性能主要取决于其化学成分和组织的过饱和度。焊缝金属的化学成分不仅取决于焊接材料的成分,而且与熔合比(与母材的熔入量有关)有很大关系。焊缝金属组织的过饱和程度则与冷却速度有很大关系。

③必须考虑焊后热处理对焊缝力学性能的影响

一般消除应力退火对强度影响不大,但当焊缝强度富裕量不大时,消除应力退火后有可能使焊缝金属的强度低于要求。例如焊接大坡口的 15MnV 厚板,焊后需进行热处理时,必须选用 H08Mn2Si

焊丝，若选用 H10Mn2 焊丝，焊缝金属的强度会偏低。

表 3 - 2　热轧及正火钢常用的焊接材料

强度级别 σ_s/ (N/mm^2)	钢号	手工电弧焊焊条	埋弧自动焊		电渣焊		CO$_2$ 保护焊焊丝
			焊丝	焊剂	焊丝	焊剂	
294	099Mn2 12Mn	E4301 E4303 E4315 E4316	H08A H08 ~ h1A	HJ431			H10MnSi H08Mn2Si
343	16Mn 16MnCu 12MnV	E5001 E5003 E5015 E5016	不开坡口对接 H08A 中板开坡口对接 H08MnA H10Mn2 H10MnSi 厚板开深坡口对接 H10Mn	HJ431 HJ350 HJ250	H08MnMoA	HJ431 HJ360	H08Mn2Si
393	15MnV 15MnTi 16MnNb	E5015 E5016 E5515 E5516	不开坡口对接 H08MnA 中板开坡口对接 H08MnSi H10Mn2 H08Mn2Si 厚板开深坡口对接 H08MnMoA	HJ431 HJ350 HJ250	H08Mn2MoVA	HJ431 HJ360	
442	15MnVN 15MnVTiRe	E5015 E5016 E6015 E6016	H08MnMoA H04MnVTiA	HJ431 HJ350	H10Mn2MoVA	HJ431 HJ360	
491	18MnMoNb 14MnMoV	E7015	H08Mn2MoA H08Mn2MoVA	HJ250 HJ350	H10Mn2MoA H10Mn2MoVA	HJ431 HJ360 HJ350 HJ250	
耐大气、海水腐蚀钢	09MnCuPTl 10MnPNbRe	E5003CuP E7015CuP	H08MnA H10Mn2	HJ431			

（2）焊接工艺参数的确定

①焊接线能量

焊接线能量的确定主要取决于过热区的脆化和冷裂两个因素。因为各类钢的脆化倾向和冷裂倾向不同，所以对线能量的要求也不同。

当焊接含 C 量很低的一些热轧钢，如 09Mn2、09Mn2Si 及含 C 量偏于下限的 16Mn 时，对线能量没有严格要求。因为这类钢的过热敏感性和淬硬倾向都不大，所以焊接线能量大些或小些都可以。但从提高过热区塑性及韧性出发，线能量偏小些较为有利。

当焊接含 C 量偏高的 16Mn 钢时，由于淬硬倾向大，所以在这种情况下线能量应偏大些。

对于强度级别较高的正火钢（如 15MnTi、15MnVN）来说，为了避免由于沉淀相的溶入以及晶粒的过热所引起的脆化，线能量应选得偏小些。

对于强度级别更高、含碳量和合金元素含量较高的正火钢（如 18MnMoNb）来说，淬硬倾向增加，容易产生延迟裂纹，所以焊接时应选大一些的线能量，或选较小些的线能量但配合适当的预热，既能避免裂纹，又能防止晶粒的过热。

②预热

焊接时进行预热的目的是防止裂纹和适当地改善焊接接头性能。预热温度的确定较复杂，它与以下多种因素有关：

1）材料的成分（决定材料的淬硬倾向），$C_E < 0.4\%$ 基本上没有淬硬倾向，不必预热；

2）冷却速度（取决于环境温度、板厚、焊接线能量、焊接方法等）；

3）结构的拘束度，拘束度增加，预热温度要求提高；

4）含氢量（取决于焊接材料的烘干等），含氢量增加，预热温度要求提高；

5）焊后热处理。焊后不热处理，预热温度应偏高，对减少内应力和改善性能有利。

③焊后热处理

热轧正火钢一般焊后不需要热处理，但对于抗应力腐蚀的焊接结构、低温下使用的焊接结构及厚壁高压容器，焊后需要消除应力的高温回火。

原则：不要超过母材原来的回火温度，以免影响母材本身的性能；回火避开脆性温度区间。

3.3.3　低碳调质钢的焊接

3.3.3.1　低碳调质钢典型钢种成分及性能

热轧和正火条件下，钢中通过增加合金元素的含量来提高强度，其结果是塑性和韧性降低，而且随着强度提高越多，塑性和韧性降低越多。当钢中合金元素含量超过一定范围后会出现韧性的大幅度下降。因此，抗拉强度大于 600MPa 的高强钢一般都需要调质处理。

低碳调质钢提高强度不单纯通过合金强化，还要通过热处理——调质强化处理。钢中一般加入 Mn、Cr、Ni、Mo、V、Nb、B、Ti 等元素，目的是保证足够的淬透性和马氏体回火稳定性，使珠光体和贝氏体转变推迟，使马氏体转变的临界冷却速度大幅下降。常用的低碳调质钢为了获得良好的综合性能和焊接性，一般含碳量不大于 0.18%，这样通过淬火和回火（即调质处理）得到回火索氏体和回火马氏体组织，使之具有较高的强度和良好的塑性。另外，除了取决于化学成分外，还要执行正确的热处理制度。一般为奥氏体化—淬火—回火，也有少数钢采用奥氏体化—正火—回火。

低碳调质钢的特性是具有较高的强度（屈服强度 490~980MPa），并有良好的塑性、韧性和耐磨性。强度级别不同加入的合金元素及其含量也不同。

（1）热裂纹

低碳调质钢中 S、P 杂质控制严，含 C 量低、含 Mn 量较高，因此热裂纹倾向较小。对一些高 Ni 低 Mn 型低合金高强调质钢（HY80），焊缝中的含 Mn 量可通过焊接材料加以调整，焊接热裂纹是不会产生的。

（2）热影响区的液化裂纹

液化裂纹主要发生在高 Ni 低 Mn 的低合金高强钢中。这是因为含 Mn 量低，对脱 S 不利，焊缝金属中的 S 和 Ni、Fe 形成低熔点共晶，低熔点共晶处于晶界上而产生液化裂纹。液化裂纹产生倾向与含 C 量及 Mn/S 有关，含 C 量越高，要求 Mn/S 也较高。如当 W(C) <0.2%，W(Mn)/W(S) >30 时，液化裂纹敏感性较小。因此，避免液化裂纹的关键在于控制 C 和 S 含量，保证高数值的 W(Mn)/W(S)。

（3）冷裂纹

低碳调质钢是通过加入提高淬透性的合金元素，保证获得强度高、塑性和韧性好的低碳马氏体和部分下贝氏体。由于淬透性增加，使得 CCT 曲线大大右移，除非冷却速度很缓慢，高温转变一般不会发生。但是，这类钢马氏体含碳量很低，马氏体开始转变温度 Ms 较高，在该温度下以较慢的速度冷却，形成的马氏体还能来得及进行一次"自回火"处理，所以实际上冷裂倾向并不一定很大。若马氏体转变时冷却速度较快，得不到"自回火"效果，冷裂倾向就会增大。

（4）再热裂纹

对合金系统来说，为加强其淬透性和提高抗回火性能，加入的合金元素 Cr、Mo、V、Ti、Nb、B 等，大多数都能引起再热裂纹。其中 V 的影响最大，Mo 的影响次之。一般认为，Mo – V 钢、（Cr – Mo – V 钢对再热裂纹较敏感；Cr – Mo 钢、Mo – B 钢有一定的再热裂纹倾向，焊接时都应该注意再热裂纹问题。多元化钢 HT – 80 Si – Mn – Cr – Ni – Mo – Cu – V – B 含有多种促使再热裂纹的元素。500 ~ 650℃加热 2 小时就出现再热裂纹。14MnMoNbB 对再热裂纹也敏感。

（5）层状撕裂

低碳调质钢的生产控制较严，其杂质含量低，纯净度高，层状撕裂的敏感性低。

（6）热影响区性能的变化

①过热区的脆化

低碳调质钢的合金化是通过合金元素的作用提高其淬透性，保证获得高强度、高塑性和韧性的低碳马氏体和下贝氏体。凡是不利形成低碳马氏体 + 下贝氏体的原因都会引起组织塑性和韧性下降——脆化，如由于过热造成奥氏体晶粒粗化引起的脆化；形成上贝氏体引起的脆化；由于合金化程度增加提高了奥氏体的稳定性，在贝氏体中的铁素体之间形成 M – A 组元引起的脆化等。

这类钢焊接时各自都有一个韧性最佳的 t8 – 5（800—500℃冷却时间），在这时得到低碳马氏体 +（10% ~30%）贝氏体，韧性最好。冷却时间小于该值时可得到 100% 低碳马氏体，韧性虽较好，但不如前者。

②焊接热影响区的软化

调质钢是经过淬火 + 高温回火热处理，获得回火索氏体组织，渗碳体为球状。焊接时，焊接接头热影响区受到不同热循环的影响，组织发生了相应变化（变化程度和区域与焊接方法及工艺参数有关），致使焊接接头热影响区综合机械性能低于母材（也就是说焊接调质钢焊接接头热影响区为焊接结构强度的薄弱处），这种影响对焊后不再进行调质处理的低碳调质钢尤其显著，焊接时必须考虑到这一问题。

3.3.3.2　低碳调质钢的焊接工艺

低碳调质钢的组织为低碳马氏体 + 下贝氏体，强度和韧性都较高，这在一般电弧焊条件下就可获得与母材相近的热影响区。但是，为了保证焊接接头的性能，制定低碳调质钢焊接工艺的主要依据一是要求在马氏体转变时冷速不能太快，以免产生冷裂；二是要求在800 ~500℃之间的冷却速度大于产生脆性混合组织的临界温度；至于热影响区的软化问题在采用小线能量的焊接后就可基本解决。

（1）焊接工艺方法和焊接材料的选择

①焊接工艺方法

调质钢只要加热温度超过其回火温度，它的性能（综合机械性能）就会降低，此问题随调质钢强度级别的提高而变得更加显著。通常解决办法是焊后重新调质处理，尽量限制焊接过程中的热量输入。

焊接 σ_s > 980MPa 的调质钢（如 HP – 9 – 4 – 20，10Ni – Cr – Mo – Co 等调质钢）时，必须采用钨极氩弧焊或电子束焊之类的焊接方法。

对于 σ_s <980MPa 的调质钢，手工电弧焊、埋弧自动焊、熔化极气体保护焊和钨极氩弧焊都可以采用（但对 σ_s > 686MPa 的调质钢，熔化极气体保护焊是最适宜的自动焊法）。

对于输入热量多、冷却速度慢的多丝埋弧焊或电渣焊，如果必须采用就要进行焊后调质处理。

②焊接材料

低碳调质钢焊后一般不再进行热处理，要求焊缝金属在焊接状态具有与母材近似相等的机械性能。特殊情况（结构刚度很大），为避免裂纹可选择比母材强度稍低些的焊接材料。

几种调质钢的焊接材料见表3-3。

表3-3　几种低碳调质钢的焊接方法和焊接材料选择

钢号	焊条	埋弧焊	气体保护焊	电渣焊
14MnMoVN	E7015 E8515	H08Mn2MoA， H08MnNiMoVA， HJ350， H08Mn2NJMoA， HJ250	H08Mn2Si H08Mn2Mo	H10Mn2NiMoA， HJ360 H10Mn2NiMoVA， HJ431
14MnMoNbB	E8515	H08Mn2MoA， H08MnNiCrMoA， HJ350		H10Mn2MoA， H08Mn2Ni2CrMoA， H10Mn2NiMoVA， HJ360，HJ431
Welter-80C	L—80C （E8515）	Y—80M 焊丝 YF—200 焊剂		
T—1	E11018（E8518） E12018（E8518）	Mn—Ni—Cr-Mo 焊丝，中性焊剂		
HY—80	E11018（E8518） E12018（E8518）	专用焊丝，中性焊剂	Mn—Ni-Cr-Mo 焊丝 AX—90，A632， Ar+O$_2$ 保护气体	
HY—130	E14018（E1018）	研制中	Mn—Ni-Cr-Mo 焊丝 AX—140，L140， Ar+O$_2$ 保护气体	
HP-9-4-20	不推荐	不推荐	Mn—Ni-Cr-Mo 专用焊丝，钨极氩弧焊	

（2）焊接工艺参数的选择

主要考虑冷裂纹和脆化两方面。防止冷裂纹要求冷却速度慢些，脆化则要求冷却速度要快些为好(M + B 下)。HT - 80 钢冷速上限不产生冷裂纹,下限保证 HAZ 不产生脆化的混合组织,E 应该保证过热区的冷却速度刚好在该区内。但对于大厚板,即使采用大线能量,冷速也很大,要预热来解决。

①焊接线能量

在保证不产生裂纹,满足热影响区塑性、韧性的条件下,线能量应该尽可能选择大一些。几种钢材的最大焊接线能量见表 3 - 4。

表 3 - 4　几种钢材的最大焊接线能量(J/cm)

钢号	板厚/mm	手工电弧焊	气体保护焊 GMA 和 GT
HY - 80	< 13	17 000	
	≥13	21 600	
HY - 100	< 13	17 000	
	≥13	21 600	
HY - 130	10 ~ 16	15 800	13 800
	16 ~ 22	17 700	15 800
	22 ~ 35	17 700	17 700
	35 ~ 102	19 700	19 700

②预热温度

当线能量的数值达到了最大允许值时还不能避免裂纹的发生,就必须采取预热措施。预热主要是为了防止冷裂,但从 800—500℃区间的冷却速度来看,由于预热减缓了该区域内的冷却速度,获得上贝氏体的可能性增加,热影响区的塑性和韧性会受到不利的影响,预热温度一般低于 200℃ 。几种低碳调质钢的最低预热温度和层间温度见表 3 - 5。

表 3 - 5　几种低碳调质钢的最低预热温度和层间温度

板厚/mm	T - 1[①]	HY - 80[①]	HY - 130[①②]	14MnMoVN	14MnMoNbB
< 13	10	24	24		
13 ~ 16	10	52	24	500 ~ 100	100 ~ 150
16 ~ 19	10	52	52	100 ~ 150	150 ~ 200

（续表）

板厚/mm	T-1①	HY-80①	HY-130①②	14MnMoVN	14MnMoNbB
19~22	10	52	52	100~150	150~200
22~25	10	52	93	150~200	200~250
25~35	66	93	93	150~200	200~250
35~38	66	93	107		
38~51	66	93	107		
>51	93	93	107		

注：①最高预热温度不得大于表中温度65℃。
　　②HY-130的最高预热温度建议：16mm-65℃，（16~22）mm-93℃，（22~35）mm-135℃，>35mm-149℃。

③焊后热处理

低碳马氏体+下贝氏体组织的低碳调质钢能保证其焊接热影响区在快速冷却时获得高强度及塑性和韧性，为了防止焊件脆断的消除应力退火就没有必要。消除应力退火处理只用于要求耐应力腐蚀的焊件，为了保证材料的性能，消除应力退火的温度应比该钢材调质时的回火温度低30℃左右。

3.3.4　专用钢焊接的特殊要求

3.3.4.1　珠光体耐热钢焊接的特殊要求

（1）典型钢种及成分

这类钢的合金元素总含量一般不超过5%~7%，正火后得到珠光体组织，在500~600℃时具有良好的热强度，冷加工、热加工和焊接性能也良好，价格比较便宜。因此这种钢被广泛地应用于制造蒸汽动力发电设备，其中使用最多的是铬钼钢和铬钼钒钢。这类钢的含Cr量一般为0.5%~9%，含Mo量一般为0.5%~1%。随着Cr和Mo含量的增加，这类钢的高温强度、抗氧化性能和抗硫化物腐蚀性能也随之提高。另外，这类钢中加入少量的合金元素V、W、Ti、Nb等，可进一步提高热强度。常用珠光体耐热钢及其化学成分见表3-6。

表 3 - 6　常用珠光体耐热钢及其化学成分（%）

钢号	C	Mn	Si	Cr	Mo	V	W	其他
12CrMo	≤0.15	0.4~0.7	0.2~0.4	0.4~0.7	0.4~0.55	—	—	—
15CrMo	0.12~0.18	0.4~0.7	0.17~0.37	0.8~1.1	0.4~0.55	—	—	—
30CrMo1	≤0.15	0.4~0.6	0.15~0.50	2.0~2.5	0.9~1.1	—	—	—
12Cr5Mo	≤0.15	≤0.6	≤0.5	4.0~6.0	0.5~0.6	—	—	—
12Cr9Mo1	≤0.15	0.3~0.6	0.5~1.0	8.0~10.0	0.9~1.1	—	—	—
12Cr1MoV	0.08~0.15	0.4~0.7	0.17~0.37	0.9~1.1	0.25~0.35	0.15~0.30	—	—
15Cr1Mo1V	0.08~0.15	0.4~0.7	0.17~0.37	0.9~1.1	1.0~1.1	0.15~0.25	—	—
17Cr1Mo1V	0.12~0.20	0.6~1.0	0.3~0.5	0.3~0.45	0.7~0.9	0.3~0.4	—	—
20Cr3MoWV	0.17~0.24	0.3~0.6	0.2~0.4	2.6~3.0	0.35~0.50	0.7~0.9	0.3~0.6	—
12Cr2MoWVB	0.08~0.15	0.45~0.65	0.45~0.75	1.6~2.1	0.5~0.65	0.28~0.42	0.3~0.55	Ti0.08~0.18 B≤0.008
12Cr3MoVSiTiB	0.09~0.15	0.5~0.8	0.6~0.9	2.5~3.0	1.0~1.1	0.25~0.35		Ti0.22~0.38 B0.005~0.011

（2）珠光体耐热钢的主要焊接性问题

与低碳调质高强钢很相似，珠光体耐热钢的主要焊接性问题包括 HAZ 硬化、冷裂、软化、再热裂纹、回火脆化现象。

①焊接接头产生冷裂纹

珠光体耐热钢焊接过程中最常见的焊接缺陷之一就是在热影响区的粗晶区产生冷裂纹，在实际生产中，为了防止冷裂纹的出现，一般都采用焊前预热、控制层间温度、焊后去氢处理、改善组织状态以及减小和消除应力等处理方法。

②焊缝中产生热裂纹

在实际生产中应用的珠光体耐热钢，很少在热影响区产生热裂纹，而多数在焊缝中产生，特别是弧坑处。热裂纹的产生与珠光体耐热钢的凝固温度区间的大小有直接关系。凝固温度区间越大产生热裂纹的倾向就越大；反之，产生热裂纹的倾向就越小。这种热裂纹的产生部位一般都在柱状晶的交界处。柱状晶交界处往往是焊缝液相金属的最后凝固位置，也是杂质和低熔点共晶物的富集部位。研究表明，合金元素 S、C、P、Cu 和 Ni 等能促进热裂纹的产生，而 Mn 和 Ca 在一定程度上能抑制热裂纹的产生。图 3 - 4 所示为产生热裂纹部位。

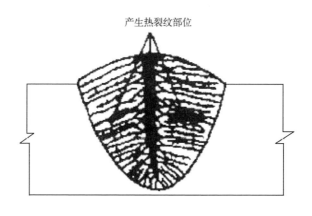

图 3 - 4　产生热裂纹部位

③热影响区的再热裂纹

这类钢中加入少量的合金元素 Cr、Mo、V、Ti、Nb 等，它们都是强碳化物形成元素，会增加钢的再热裂纹敏感性。再热裂纹的产生部位一般都在工件较厚的地方。所以，在厚板结构的焊接过程中，当焊缝焊到一定厚度后，先进行一次中间消除应力热处理，有利于防止再热裂纹的产生。

④回火脆化现象

Cr-Mn 钢产生回火脆化的主要原因是在回火脆化温度范围内长期加热后，杂质元素 P、As、Sn 和 Sb 等在晶界上偏析而引起的晶界脆化现象，此外与促进回火脆化元素 Mn 和 Si 也有一定关系。因此，对基体金属来说，严格控制有害杂质元素的含量，同时降低 Mn 和 Si 含量是解决脆化的有效措施。

（3）珠光体耐热钢焊接工艺特点

①预热和层间温度的控制

预热和层间温度的控制是防止珠光体耐热钢产生冷裂纹的一种比较有效的工艺措施。一般情况下，珠光体耐热钢的预热温度和层间温度应控制在 150～350℃ 之间。

②焊接方法

焊接生产中最常用的两种焊接方法是钨极氩弧焊封底手工电弧焊盖面和埋弧自动焊。

③焊后回火处理

珠光体耐热钢一般情况下是经过热处理后供货使用的，针对这些钢种焊后大多数要进行高温回火处理。

④焊接材料的选择

珠光体耐热钢长期处于高温、高压条件下工作，对接头的质量要求较高，无论是常温机械性能，还是高温性能、抗氧化性及组织稳定性等方面都应满足产品运行的技术要求。因此焊接材料的选择是十分重要的。焊接材料的选择应力求焊缝金属成分和机械性能与母材相匹配。如果焊缝金属成分与母材成分相差很大时，其接头长期在高温下工作或经焊后热处理，因成分不均匀，有些元素将发生扩散，结果导致接头的持久强度明显降低。但在实际焊接生产中，为了防止焊缝金属热裂纹，焊缝金属的含碳量一般要比母材金属低一些(但一般不低于0.07%)，此时的焊缝金属性能有时要低于母材，但若焊接材料选择适当，焊缝金属的性能是完全能与母材相匹配的。另外，在焊补缺陷或者焊后不能进行热处理的情况下，还可以选用奥氏体钢焊条，这样可以防止冷裂纹的产生。但这种接头长期在高温下工作会导致焊缝金属的相脆性。

3.3.4.2　低温钢焊接的特殊要求

（1）典型钢种及成分

低温钢是指用于低温(−10～−196℃)的钢(我国从−40℃算起)。它主要应用于贮存和运输各类液化气体，如用于建造液化气体运输船的液货舱及靠近液货舱的船体结构。因此这类钢的性能必须首先满足具有足够的低温韧性。低温用钢可分为无镍和含镍两大类。无镍低温用钢中包括低碳镇静钢和低合金高强钢。前者用铝脱氧时形成AlN，细化晶粒、提高缺口韧性。后者在低碳铝镇静钢的基础上加入了锰等元素提高强度，并利用微量铝、钛、铌等细化晶粒提高低温韧性。含镍低温钢在低碳钢中加入一些镍，提高强度，改善低温韧性。在镍含量小于10%的范围内，含量越高，低温韧性越好，强度越高。常见几种低温钢的成分见表3−7。

（2）低温钢焊接的主要问题

低碳镇静钢和低合金高强钢实际上就是C−Mn钢和低碳调质钢。从使用性能考虑，焊接时主要注意两个问题：一是线能量过大时造成的过热区脆化；二是含有钒、钛、铌、铜、氮等元素的钢种焊后消除应力热处理时，如果加热温度处于回火脆性敏感温度范围，会析出脆性相，出现回火脆性。

含镍低温钢中的镍是增加淬透性的元素，但是由于这些钢中含碳量限制得很低，冷裂倾向并不严重。镍除了增加钢的淬透性以外还是促热裂的元素，但由于含镍低温钢中含碳量低，硫、磷杂质控制得极其严格，焊接时热影响区基本上不会产生液化裂纹。焊接时应注意钢的脆性倾向，含镍低温钢具有回火脆性倾向，焊后回火时要注意温度和冷却速度的控制。

表3-7　几种常见低温钢的成分

NO.	钢名	化学成分(%)						
		C	Mr	S	CO	V	Mo	其他
1	16Mn	0.12~0.20	1.2~1.6	0.2~0.6				
2	09Mn2V	≤0.12	1.4~1.8	1.2~0.5		0.04~0.10		
3	09MnTSCuRc	≤0.12	1.3~1.7	0.2~0.4	0.2~0.5			Ti≤0.03,Re0.15(加入量)
4	06MrNb	≤0.07	1.2~1.6	0.17~0.37			0.02~0.04	
5	06A1CuNbN	≤0.08	0.8~1.1	0.17~0.37	0.3~0.4		0.02~0.04	Al 0.04~0.11,N0.013~0.020

含镍低温韧性钢的主要化学成分

钢号	化学成分(%)						其他元素
	C	Mr	Si	P	S	Ni	
0.5NiA	≤0.14	0.70~1.60	0.10~0.50	≤0.25	≤0.02	0.30~0.80	Cr≤0.25
0.5NiB	≤0.16	0.70~1.60	0.10~0.50	≤0.25	≤0.02	0.50~0.80	Mo≤0.08
1.5Ni	≤0.14	0.30~1.50	0.10~0.35	≤0.25	≤0.02	1.30~1.70	Cu≤0.35
3.5Ni	≤0.12	0.30~0.80	0.10~0.35	≤0.25	≤0.02	3.20~3.80	Cr+Mo+Cu≤0.60
5Ni	≤0.12	0.30~0.90	0.10~0.35	≤0.25	≤0.02	4.70~5.30	Al(酸溶)≥0.015
9Ni	≤0.10	0.30~0.90	0.10~0.35	≤0.25	≤0.02	8.50~10.0	

（3）低温钢的焊接工艺特点

①严格控制线能量

为避免焊缝金属及近缝区形成粗晶组织而降低低温韧性，要求采用小的焊接线能量。焊接电流不宜过大，宜用快速多道焊以减轻焊道过热，并通过多层焊的重热作用细化晶粒。多道焊时要控制层间温度不得过大。

②正确选择焊接材料

1）铝镇静钢。焊接铝镇静钢时可选择成分与母材相同的低碳钢和 C - Mn 钢类焊条或含镍 0.5% ~ 1.5% 的低镍焊条，后者低温韧性更为可靠。

2）低温用低合金钢。焊接低温用低合金钢时，除要保证焊缝的低温韧性外还要保证焊缝与母材等强。焊接材料中除了含有镍 1% ~ 3% 外，还含有钼 0.2% ~ 0.5%，有时还含有少量铬。

3）低镍钢。焊接低镍钢时所用焊条的含镍量应与母材相同或高于母材，但 Ni% 不应过高。焊态下焊缝中含镍量超过 2.5% 就会出现粗大的板条状贝氏体或马氏体，使焊缝韧性下降。焊后不再进行调质处理的低镍钢，焊缝金属含镍量应低于 2.5%。只有经过焊后调质处理，焊缝韧性才随含 Ni 量增加而增加。焊缝除了尽量降低碳及硫、磷、氧的含量外还应对硅、锰的含量加以控制。

4）9Ni 钢。含镍高的 9Ni 钢具有非常优良的低温韧性。但 9Ni 钢如果采用成分相近的焊接材料，所获得的焊缝低温韧性明显低于母材。为保证焊缝具有与母材相适应的低温韧性，在生产中都采用了奥氏体焊接材料，按含镍量可以分为三类：含镍在 60% 以上的 Ni - Cr - M 系合金、含镍约 40% 的 Fe - Ni - Cr 系合金、含 13Ni - 16Cr - Mn - W 的奥氏体不锈钢。

当采用奥氏体材料焊接时，9Ni 钢焊缝中的热裂纹是一个普遍问题。这是因为 9Ni 钢的线膨胀系数较大，焊接时会产生较大的收缩应力，加上镍与铁会形成低熔共晶，因而焊缝中镍含量越高热裂纹倾向越大。裂纹往往出现在焊缝的起弧和收弧处，特别是多层焊时在根部和前几道焊缝中由于拘束应力较大，弧坑裂纹很难避免。因此焊接时要注意填满弧坑，尽量避免弧坑裂纹的发生。如果无法消除弧坑裂纹，可采用砂轮打磨的方法加以去除。

3.4 不锈钢、耐热钢的焊接

3.4.1 不锈钢、耐热钢的类型和特性

不锈钢是指在空气中或化学腐蚀介质中能够抵抗腐蚀的一种高合金钢。不锈钢具有美观的表面，耐腐蚀性能好，不必经过镀色等表面处理而发挥其固有的表面性能，可应用于诸多方面。典型的有13铬钢，18－铬镍钢等高合金钢。从金相学角度分析，因为不锈钢含有铬而使表面形成很薄的铬膜，这个膜阻隔了氧气的侵入，起耐腐蚀的作用。为了保持不锈钢所固有的耐腐蚀性，钢必须含有12%以上的铬。

在高温条件下，具有抗氧化性和足够的高温强度以及良好的耐热性能的钢称作耐热钢（heat－resisting steels）。耐热钢主要用于在高温下长期使用的零件，它包括抗氧化钢（或称高温不起皮钢）和热强钢两类。抗氧化钢一般要求较好的化学稳定性，但承受的载荷较低，热强钢则要求较高的高温强度和相应的抗氧化性。耐热钢常用于制造锅炉、汽轮机、动力机械、工业炉和航空、石油化工等工业部门中在高温下工作的零部件。这些部件除要求高温强度和抗高温氧化腐蚀外，根据用途不同还要求有足够的韧性、良好的可加工性和焊接性，以及一定的组织稳定性。

按用途分：不锈钢、抗氧化性钢、抗热强钢。按组织分：奥氏体钢、铁素体钢、马氏体钢、沉淀硬化钢、铁素体－奥氏体双相钢（dual－phase，DP钢）。

3.4.2 奥氏体钢、双相钢焊接

3.4.2.1 奥氏体钢焊接接头耐蚀性

（1）晶间腐蚀

奥氏体不锈钢焊接接头中可能会产生焊缝的晶间腐蚀、热影响区敏化区晶间腐蚀和热影响区过热区（熔合区）的"刀蚀"。

1)焊缝的晶间腐蚀。当焊缝成分选择不当时，在焊缝中达到敏化温度的区域，如多层焊的前一层焊道中或焊缝再次经历敏化温度，处于该区段的金属晶粒内部过饱和固溶 C 原子会逐步向晶粒边缘扩散，与晶粒边缘 Cr 原子结合成碳化物，会在晶界上析出铬的碳化物（$Cr_{23}C_6$）而使晶粒边界贫铬（ Cr < 12%），耐腐蚀性下降。如果该区恰好露在焊缝表面并且与腐蚀介质接触，则将产生晶间腐蚀。平衡态敏化温度区间是 450 ~ 850℃，而在热影响区中敏化温度区间是 600 ~ 1000℃。

2)热影响区敏化区晶间腐蚀。在焊接热影响区中，敏化温度区间处于加热峰值温度部位，此部位奥氏体晶粒边界析出碳化物造成晶粒边界贫铬而产生晶间腐蚀。产生温度：600 ~ 1000℃。

普通的 18 - 8 钢才会有敏化区，含有钛、铌的奥氏体不锈钢、含有一定数量铁素体的双相不锈钢以及超低碳的奥氏体不锈钢母材，不易有敏化区出现。焊接工艺上选用较低线能量、快速冷却的工艺措施等有利于防止热影响区敏化区晶间腐蚀。

3)刀口腐蚀。在熔合区产生的晶间腐蚀，有如刀削切口的形式，故称刀口腐蚀。腐蚀区的宽度初期不超过 3 ~ 5 个晶粒，逐步扩展到 1.0 ~ 1.5mm。

发生材质：含有铌、钛的 18 - 8 钢的过热区。

产生原因：这种钢的焊接接头的过热区内，加热温度超过 1200℃的部位，NbC 或 TiC 将全部或大部固态溶解于奥氏体晶粒内。冷却时，体积小且活泼的碳原子向奥氏体晶界扩散并聚集于此，Ti 来不及扩散而留在晶粒内。这种状态如果再经历 600 ~ 1000℃中温敏化加热，就会在晶界产生 $Cr_{23}C_6$ 沉淀，造成该区晶粒边界的贫铬。在一定腐蚀介质作用下，将从表面开始产生晶间腐蚀，直至形成刀切状腐蚀破坏。形成刀蚀的必要条件是高温过热和中温敏化。不含钛或不含铌的 18 - 8 钢不应有刀蚀发生，超低碳不锈钢不但不发生敏化区腐蚀，也不会有刀蚀。

控制措施：降低含 C 量 0.06%；焊接时尽量减少过热、尽量避免交叉焊缝和采用小的焊接线能量，避免敏化区落在 HAZ 的过热区。

（2）应力腐蚀开裂（SCC）

焊接接头应力腐蚀是奥氏体不锈钢焊接中最不易解决的问题之一。奥氏体不锈钢在氯化物、氟化物等介质中对应力腐蚀破坏较为敏感。引起应力腐蚀的拉应力主要来源于：焊接残余拉应力，零件冷加工（如冷弯、切削、打磨）和热加工（如热弯、火焰矫正、焊后热处理）及安装过程中产生的残余拉应力，工件使用过程中产生的工作应力。

应力腐蚀开裂的防止：

1）降低残余应力水平，如采用小线能量、短道焊，合理布置焊缝的位置和焊接次序。消除残余应力是防止应力腐蚀最有效的措施之一，如焊后锤击、焊接区表面喷丸、焊后退火等。退火时要注意退火温度必须避开产生晶间腐蚀的敏化温度。

2）接头设计要尽量减少应力集中。设计时还要注意防止产生"死区"，避免接头区因存在浓缩和沉积的介质而产生应力腐蚀开裂。

3）选材上，注意选择在工作介质中对于应力腐蚀不敏感的母材。对于焊缝金属，关键是选择焊接材料，如选择可产生双相组织（奥氏体＋铁素体）的焊接材料，有利于提高在氯化物中的耐应力腐蚀开裂性能。

4）注意保护奥氏体不锈钢表面的钝化膜。酸洗处理或随意在母材表面打弧，都可能造成表面钝化膜的破坏而引起应力腐蚀。

（3）点蚀

发生材质：奥氏体钢、双相钢，含 Mo 钢耐点蚀性好一些。

产生部位：熔合区中不完全混合区；也有人称它为够近熔合区的焊缝，成分与母材相同，但经历了熔化凝固过程。

若焊接材料选择不当，焊缝中心部位也会有点蚀产生，其主要原因应归结为耐点蚀成分 Cr 与 Mo 的偏析。

控制方法：

1）不能进行自熔焊接（或填同质焊丝），否则造成 Cr 与 Mo 的偏析；

2）焊接材料与母材必须超合金化匹配，提高焊接材料中 Cr、Ni、Mo 的含量；

3）必须考虑母材的稀释作用，以保证足够的合金含量；

4）Ni 提高，Cr 与 Mo 的偏析降低；选择高 Ni 焊丝。

3.4.2.2　奥氏体钢焊接接头热裂纹

奥氏体不锈钢具有较高的焊接热裂纹敏感性，易产生焊缝结晶裂纹和 HAZ 液化裂纹。25 - 20 型奥氏体钢焊接热裂倾向最大，其次是 18 - 8 钢。奥氏体钢焊接热裂倾向还未有十分有效的解决措施。

（1）奥氏体钢焊接热裂的基本原因

1）焊缝金属凝固期间存在较大的拉应力是产生凝固裂纹的必要条件，奥氏体钢的导热系数小，线膨胀系数大，在焊接局部加热和冷却的条件下，焊接接头易形成较大的拉应力。

2）奥氏体钢及焊缝的合金成分较复杂，焊接时容易形成各种低熔共晶分布于晶界成为液态薄膜，因此焊缝和近缝区都可能产生热裂纹。

3）奥氏体焊缝结晶时易形成方向性极强的柱状晶（特别是单相奥氏体钢），结晶时有利于杂质偏析而形成液膜，因而易引起焊缝的结晶裂纹。

（2）影响因素

主要影响因素是合金成分和一次结晶组织形态。

①热裂纹与凝固模式（组织形态有关系）

研究表明，单相奥氏体组织形成热裂纹的倾向比较大。如果在奥氏体组织中有少量的第二相存在，则可使钢的抗裂性能大大提高。因为少量的第二相能打乱奥氏体结晶方向，使晶粒得到细化，降低杂质的偏聚程度。

②化学成分

1）限制有害杂质的含量 S、P 等；

2）适当的合金化配比获得所需组织，从而改善热裂。

③合金元素在不同钢中作用差异

1）Mn 的作用。单相 A 钢中 Mn 是有益的，但是 Mn、Cu 共存，促进偏析。

焊接普通 25 - 20 钢时，提高 Mn 量，热裂降低。焊接 Cr23Ni28 Mo3Cu3Ti 则不加 Mn。

2）Si 的作用。Si 在 18 - 8 钢中有利于促使产生 δ 相，提高抗裂性。25 - 20 钢中 Si 偏析强烈，易引起热裂纹（硅化物共晶）。

3）Mo、W、V 的作用。溶解度大，不会引起热裂纹。

4）Ni、Cr 的作用。奥氏体钢焊缝提高 Ni，热裂倾向增加。提高 Cr 影响不大。

5）Cu 的作用。含 Ni 量低的 A 钢，Cu 增加，热裂倾向增加。

④焊接工艺的影响

1）小的 E 值，为避免焊缝枝晶粗大和过热区晶粒粗化；

2）不预热，降低层间温度；

3）焊接速度不要过大，适当降低焊接电流。

3.4.2.3　奥氏体钢焊缝的脆化

通常奥氏体钢在常温或不太高的温度 350℃ 条件下使用，要求耐蚀性，对力学性能无特殊要求。在低温条件下，保证韧性。

对热强钢，要求焊接接头与母材等强性，但长期工作，也要保证其有足够的韧性。

（1）焊缝低温脆化

为了保证低温韧性，有时采用 18 - 8 钢，焊缝希望得到单一 γ 相，避免出现 δ 相，δ 相的存在，使低温韧性降低。实际上 δ 相形态不同，韧性也不同。

焊缝中 δ 相有三种形态：球状；蠕虫状（居多数），韧性降低；花边状，少量的花边状 δ 相，可以改善低温韧性。

（2）焊缝 σ 相脆化

①σ 相性质

脆硬而无磁性的 Fe - Cr 金属间化合物，主要析集于柱状晶的晶界。

②σ 相的产生

高铬铁素体钢在 550 ~ 850℃ 温度下长期工作，很易出现 σ 相脆化问题；对于纯奥氏体钢来说，有时也会产生 σ 相脆化问题；这就说明，σ 相既可以由铁素体中产生，也可以由奥氏体中转变而来，但铁素体中比奥氏体中更易形成 σ 相。所以，一切铁素体化元素（如 Si、Ti、Mo、Al、Cr、W、Nb 等）均能促使 σ 相的形成。由于不同的钢种，产生 σ 相的温度也各不相同，如 18 - 8 和 18 - 8Nb 钢为 594℃，18 - 12Mo 钢为 758℃，低碳的 Cr28 钢为 622℃，而 25 - 20 型钢为 815℃。含 Cr、Ni 量高的钢，一般产生 σ 相的温度均偏高，其产生与成长时间也长。

③防止措施

1）提高奥氏体化元素 Ni、N。当低 N 时（0.02%）虚线以上部分区域出现 σ 相脆化状态，增加 N 含量 0.1% ~ 0.2%，σ 相脆化区则移到实线以上区域，脆化区域减轻。

2）若采用同质焊丝仍不能保证焊缝耐点蚀质量，而不得不采用异质焊丝，必须超合金化。

如果将 Mo 量提高到 8.5%。即使在高 N 条件下，焊丝 Ni 量也应大于 50%。如果熔合比过大，焊缝成分将有落入 σ 相脆化区的危险。

3）焊接时应尽量采用较小的焊接线能量，焊前不预热，焊后可采用快速冷却，以减少焊接接头在高温下的停留时间。

3.4.2.4　奥氏体钢焊接工艺

（1）焊接工艺要点

①合理选择最适当的焊接方法

由于导热系数小，线膨胀系数大，自由状态下焊接易产生变形，应选焊接能量集中的方法，以机械化快速焊为好。

②必须控制焊接参数，避免接头产生过热现象

奥氏体钢导热系数小，热量不易散失。在同样电流下比结构钢得到较大的熔深，焊接所用焊接电流和焊接线能量比焊接碳钢要小 20% 左右。应避免交叉焊缝，不应预热，快冷却，保持较低的层间温度。

③接头设计要合理

同质焊接材料，坡口角度 60°。

异质焊接材料，由于金属流动更为黏滞，坡口角度要增大到 80°，60° 时很容易发生熔合不良现象。

④尽可能控制焊接工艺稳定，以保证焊缝金属成分稳定

因为焊缝性能对化学成分的变动有较大的敏感性，为保证焊缝

成分稳定，必须保证熔合比稳定。

⑤控制焊缝成型

表面成型是否光整，是否有易产生应力集中之处，均会影响到接头的工作性能。

⑥保护焊件的工作表面应处于正常状态

随处任意引弧造成弧击、铁锤敲击、打冲眼等都是腐蚀根源；控制焊缝施焊程序，保证面向介质的焊缝在最后施焊，这样可以避免面对介质的焊缝在最后施焊，以避免面对介质的焊缝及其 HAZ 发生敏化。

（2）焊接方法的选择

①手弧焊

最常用的焊接方法之一，焊条电弧焊劳动条件差，生产效率低，适于单件或小批量产品的焊接。对于短焊缝，不规则的各种空间位置，难于实现自动化焊接的接头用它最合适。从抗裂角度考虑采用碱性焊条，但焊缝外观成型不如钛钙型焊条，对耐蚀不利。

②埋弧焊

适用于板厚大于 6mm 的中厚板的焊接，生产率高。缺点是熔池体积大，冷却速度小，易引起合金元素及杂质偏析。

③氩弧焊

保护效果好，合金过渡系数高，焊缝成分容易控制。

TIG 焊适用于板厚小于 3～4mm 的薄板。

MIG 焊适用于板厚大于 3mm 的板。

脉冲氩弧焊主要焊接厚度小于 0.5mm 的薄件，有利于减少接头过热，并有利于打乱柱状晶的方向性。

④等离子弧焊

焊接厚度在 10～12mm 以下的奥氏体钢最有效的方法是采用等离子弧焊。

⑤CO_2 保护焊

适用于焊奥氏体耐热钢，用于不锈钢有一定困难，必须用专用焊丝，主要是 CO_2 可使焊缝增 C，合金元素烧损。

⑥电渣焊

大厚板焊接，过热严重，焊后必须热处理。

3.4.3 铁素体钢及马氏体钢的焊接

3.4.3.1 铁素体钢的焊接

（1）F钢的类型

F钢主要分为普通F钢和高纯度铁素体钢。

（2）F钢的焊接工艺

F钢焊接时主要问题之一是近缝区晶粒急剧长大而引起的脆化，同时由于高铬F铁素体钢室温下韧性很低，很容易在接头产生裂纹。

①焊缝成分的确定（实际上是焊接材料选择问题）

同质焊材：焊缝金属呈粗大的铁素体钢组织，引起粗晶脆化，室温下韧性低，易产生裂纹。应尽量限制杂质含量，提高其纯度，同时进行合理的合金化。

异质焊材：A钢焊接材料（在不宜进行预热或焊后热处理的情况下），焊后不可进行退火处理，因F钢退火温度范围（787～843℃），正好处在A钢敏化温度区间，容易产生晶间腐蚀及脆化。

②预热温度

F钢具有高温脆性。加热至950～1000℃以上后急冷至室温，塑性和缺口韧性显著降低，称高温脆性，若重新加热至750～850℃可恢复塑性。

产生原因：C，N化合物在晶界和晶内位错上析出，C，N降低高温脆化减少。为防止高温脆化，预热温度要低些，一般 T_0 = 150℃，若C增加，T_0 < 200～300℃。

③焊后热处理

F钢也有晶间腐蚀倾向，但与Cr-Ni钢不同。Cr17钢在1100～1200℃，Cr25在1000～1200℃冷下来产生晶间腐蚀倾向，再经过650～850℃加热缓冷后可以消除。（C在F钢中的溶解度比在奥氏体中小得多，易于沉淀，且扩散速度也比较大，高温急冷实际上等于敏化，晶界发生贫Cr。再加热促使Cr的扩散均匀化，贫Cr层消失。）

焊后实际上常在 750～850℃退火处理。

注意，高 Cr 铁素体钢在 550～820℃长期加热时会出现 σ 相，因此焊后热处理加热和冷却过程应尽可能快速冷却。

3.4.3.2　灰铸铁焊接性分析

灰铸铁在化学成分上的特点是碳高及 S、P 杂质高，这就增大了焊接接头对冷却速度变化的敏感性及冷热裂纹的敏感性。在力学性能上的特点是强度低，基本无塑性。焊接过程具有冷速快及焊件受热不均匀而形成焊接应力较大的特殊性，这些因素导致焊接性不良。

主要问题包括两方面：一方面是焊接接头易出现白口及淬硬组织；另一方面焊接接头易出现裂纹。

(1)焊接接头易出现白口及淬硬组织

以含碳 3%，硅 2.5%的常用灰铸铁为例，分析电弧焊焊后在焊接接头上组织变化的规律。

①焊缝区

当焊缝成分与灰铸铁铸件成分相同时，则在一般电弧焊情况下，由于焊缝冷却速度远远大于铸件在砂型中的冷却速度，焊缝主要为共晶渗碳体＋二次渗碳铁＋珠光体，即焊缝基本为白口铸铁组织。

焊缝为铸铁：采用适当的工艺措施来减慢焊缝的冷却速度，或调整焊缝化学成分来增强焊缝的石墨化能力。

异质焊缝：若采用低碳钢焊条进行焊接，常用铸铁含碳为 3%左右，就是采用较小焊接电流，母材在第一层焊缝中所占百分比也将为 1/3～1/4，其焊缝平均含碳量将为 0.7%～1.0%，属于高碳钢（C＞0.6%）。这种高碳钢焊缝在快冷却后将出现很多脆硬的马氏体。

采用异质金属材料焊接时，必须要设法防止或减弱母材过渡到焊缝中的碳产生高硬度组织的有害作用。思路是改变 C 的存在状态，使焊缝不出现淬硬组织并具有一定的塑性，例如使焊缝分别成为奥氏体、铁素体及有色金属。

②半熔化区

该区被加热到液相线与共晶转变下限温度之间，温度范围 1150～1250℃。该区处于液固状态，一部分铸铁已熔化成为液体，其他未熔部分在高温作用下已转变为奥氏体。

1）冷却速度对半熔化区白口铸铁的影响。

冷却速度很快，液态铸铁在共晶转变温度区间转变成莱氏体，即共晶渗碳体加奥氏体。继续冷却则为 C 所饱和的奥氏体析出二次渗碳体。在共析转变温度区间，奥氏体转变为珠光体。由于该区冷速很快，在共析转变温度区间，可出现奥氏体→马氏体的过程，并产生少量残余奥氏体。

当半熔化区的液态金属以很慢的冷却速度冷却时，其共晶转变按稳定相图转变，最后其室温组织由石墨＋铁素体组织组成。

当该区液态铸铁的冷却速度介于以上两种冷却速度之间时，随着冷却速度由快到慢，或为麻口铸铁，或为珠光体铸铁，或为珠光体加铁素体铸铁。

影响半熔化区冷却速度的因素有：焊接方法、预热温度、焊接热输入、铸件厚度等因素。

2）化学成分对半熔化区白口铸铁的影响。

铸铁焊接半熔化区的化学成分对其白口组织的形成同样有重大影响。该区的化学成分不仅取决于铸铁本身的化学成分，而且焊缝的化学成分对该区也有重大影响。这是因为焊缝区与半熔化区紧密相连，且同时处于熔融的高温状态，为该两区之间进行元素扩散提供了非常有利的条件。某元素在两区之间向哪个方向扩散首先决定于该元素在两区之间的含量梯度（含量变化）。元素总是从高含量区域向低含量区域扩散，其含量梯度越大，越有利于扩散的进行。

提高熔池金属中促进石墨化元素（C、Si、Ni 等）的含量对消除或减弱半熔化区白口的形成是有利的。用低碳钢焊条焊铸铁时，半熔化区的白口带往往较宽。这是因为半熔化区含 C、Si 量高于熔池，故半熔化区的 C、Si 反而向熔池扩散，使半熔化区 C、Si 有所下降，增大了该区形成较宽白口的倾向。

③奥氏体区

该区被加热到共晶转变下限温度与共析转变上限温度之间。该区温度范围约为 820～1150℃，此区无液相出现，该区在共析温度区间以上，其基体已奥氏体化，加热温度较高的部分（靠近半熔化区），由于石墨片中的碳较多地向周围奥氏体扩散，奥氏体中含碳量较高；加热较低的部分，由于石墨片中的碳较少向周围奥氏体扩散，奥氏体中含碳量较低，随后冷却时，如果冷速较快，会从奥氏体中析出一些二次渗碳体，其析出量的多少与奥氏体中含碳量呈线性关系。在共析转变快时，奥氏体转变为珠光体类型组织。冷却更快时，会产生马氏体与残余奥氏体。该区硬度比母材有一定提高。

熔焊时，采用适当工艺使该区缓冷，可使 A 直接析出石墨而避免二次渗碳体析出，同时防止马氏体形成。

④重结晶区

重结晶区很窄，加热温度范围 780 ~ 820℃。由于电弧焊时该区加热速度很快，只有母材中的部分原始组织可转变为奥氏体。在随后冷却过程中，奥氏体转变为珠光体类组织。冷却很快时也可能出现一些马氏体。

（2）易出现裂纹缺陷

①冷裂纹

冷裂纹可发生在焊缝或热影响区上。

1）焊缝处冷裂纹。

产生部位：铸铁型焊缝。

当采用异质焊接材料焊接，使焊缝成为奥氏体、铁素体，铜基焊缝时，由于焊缝金属具有较好的塑性，焊接金属不易出现冷裂纹。

启裂温度：一般在 400℃ 以下。一方面是铸铁在 400℃ 以上时有一定塑性；另一方面焊缝所承受的拉应力是随其温度下降而增大。在 400℃ 以上时焊缝所承受的拉应力较小。

产生原因：焊接过程中由于工件局部不均匀受热，焊缝在冷却过程中会产生很大的拉应力，这种拉应力随焊缝温度的下降而增大。当焊缝全为灰铸铁时，石墨呈片状存在。当片状石墨方向与外加应力方向基本垂直，且两个片状石墨的尖端又靠得很近，在外加应力增加时，石墨尖端形成较大的应力集中。铸铁强度低，400℃ 以下基本无塑性。当应力超过此时铸铁的强度极限时，即发生焊缝裂纹。当焊缝中存在白口铸铁时，由于白口铸铁的收缩率比灰铸铁收缩率大，加以其中渗碳体性能更脆，故焊缝更易出现裂纹。

防止措施：对焊补件进行整体预热（550 ~ 700℃）能降低焊接应力；向铸铁型焊缝加入一定量的合金元素（Mn、Ni、Cu 等），使焊缝金属先发生一定量的贝氏体相变，接着又发生一定量的马氏体相变，则利用这二次连续相变产生的焊缝应力松弛效应，可较有效地防止焊缝出现冷裂纹；加入既能改变石墨形态又能促使石墨化的元素。

2）发生在 HAZ 的冷裂纹。

发生部位：含有较多渗碳体及马氏体的 HAZ，也可能发生在离熔合线稍远的 HAZ。

产生原因：在电弧冷焊情况下，在半熔化区及奥氏体区产生铁素体及马氏体等脆硬组织，当焊接拉应力超过某区的强度时，就会在该区发生裂纹；半熔化区上白口铸铁的收缩率（1.6% ~ 2.3%）比其相应的奥氏体的收缩率（0.9% ~ 1.3%）大得多，在该区间产生一定的切应力；在焊接薄壁铸铁件（5 ~ 10mm）时，其导热程度比厚壁铸件差的多，加剧了焊接接头的拉应力，使冷裂纹可能发生在离熔合线稍远的 HAZ 上。

防止措施：采取工艺措施来减弱焊接接头的应力及防止焊接接头出现渗碳体及马氏体，如采用预热焊；采用屈服点较低而且有良好塑性的焊接材料焊接，通过焊缝的塑性变形松弛焊接接头的部分应力；在修复厚大件的裂纹缺陷时，可在坡口两侧进行栽丝法焊接。

②热裂纹

产生材质：采用低碳钢焊条与镍基铸铁焊条冷焊时，焊缝较易出现属于热裂纹的结晶裂纹。铸铁型焊缝对热裂不敏感，高温时石墨析出过程中有体积增加，有助于减低应力。

产生原因：当用低碳钢焊条焊铸铁时，即使采用小电流，第一层焊缝中的熔合比也在 1/3 ~ 1/4，焊缝平均含碳量可达 0.7% ~ 1.0%，铸铁含 S、P 量高，焊缝平均含 S、P 也较高，焊接表层含 C 及 S、P 较低，越靠近熔合线，焊缝含 C 及 S、P 越高。C 与 S、P 是促使碳钢发生结晶裂纹的有害元素，故用低碳钢焊条焊接铸铁时，第一层焊缝容易发生热裂纹。这种热裂纹往往隐藏在焊缝下部，从焊缝表面不易发觉。

利用镍基铸铁焊条焊接铸铁时，由于铸铁中含有较多的 S、P，焊缝易生成低熔点共晶，如 Ni – Ni3S2，644℃，Ni – Ni3P，880℃，故焊缝对热裂纹有较大的敏感性。

防止措施：调整焊缝化学成分，使其脆性温度区间缩小，加入稀土元素，增强脱 S、P 反应，使晶粒细化，以提高抗热裂性能；采用正确的冷焊工艺，使焊接应力减低，以及使母材中的有害杂质较少熔入焊缝。

3.5　铝及其合金的焊接

3.5.1　焊接工艺的一般特点

从物理性能看，导热系数大，热容量大，要求采用能量集中的热源；而且线膨胀系数大，要采用垫板和夹具，防止焊接变形。

从化学性质看，强氧化能力，易产生气孔，夹杂物。焊前采用化学和机械的方法清理，焊接过程加强保护，氩弧焊时利用阴极清理作用，气焊或其他熔焊时，采用能去氧化膜的焊剂。

薄板焊接一般不开坡口，大功率焊接时板厚可增加，厚度小于 3mm 可采用卷边接头。

3.5.2　焊接工艺制定问题

根据牌号、焊件厚度、产品结构、生产条件及接头质量要求选择焊接方法。

（1）气焊

气焊灵活，有经验，设备简单，生产中常用于薄板（0.5 ~ 2.0mm）的焊接和铸件的焊补。

但气焊热量分散，热影响区大，焊件变形大，焊接接头质量低（晶粒粗大、组织疏松、夹杂、裂纹等），现已逐渐被氩弧焊所代替。

（2）氩弧焊

氩弧焊根据电极分为 TIG 焊和 MIG 焊，表 3 - 8 为 TIG 和 MIG 焊接铝合金的特点。

表 3 - 8　TIG 和 MIG 焊接铝合金的特点

电源	TIG 焊特点	MIG 焊特点
直流正接（DCSP）	电极容许电流大， 熔深大， 无阴极雾化作用	粗滴过渡， 熔深浅， 无阴极雾化作用
直流反接（DCRP）	电极容许电流小， 熔深浅， 有阴极雾化作用	射流过渡， 熔深大， 有阴极雾化作用， 有"自身调节"作用
交流（AC）	介于 DCSP 与 DCRP 之间	介于 DCSP 与 DCRD 之间

①钨极氩弧焊（TIG）

TIG 焊时，直流反极性连接，电流过大会使钨极烧损很快，并可造成焊缝夹钨，所以电流应限制得较小；直流正极性连接无阴极清理作用。TIG 焊一般都采用交流电源。

TIG 焊在功率一定条件下，焊接速度与焊件厚度有关，手工焊时 $V_h = (0.065 \sim 0.25)\,\mathrm{m/min}$，自动焊时 $V_h = (0.25 \sim 0.50)\,\mathrm{m/min}$。在钨极直径一定时，随着焊接电流的增加，焊接速度也要相应提高，保护气体流量要伴随焊接速度的改变作调整。

②熔化极氩弧焊（MIG）

MIG 焊时，通常采用直流反极性连接，为了获得稳定的射流过渡，一般希望焊接电流超过"临界电流"值。由于临界电流的限制，在焊接厚度小于 3mm 的焊件时，须采用很细的焊丝，这给送丝造成很大困难。焊接铝合金厚板时，MIG 焊具有优越性，但焊接电流不能过大，超过 300 ～ 400A 时焊缝表面易产生皱皮。焊接薄构件，特别是热处理强化铝合金材料的构件，熔化极脉冲氩弧焊具有明显的优越性。

MIG 焊，$V_h = (0.15 \sim 1.50) \, m/min$；$V = (1.1 \sim 10.0) \, m/min$。

3.5.3　焊丝的选用

必须首先考虑基体金属的成分，产品具体要求和施工条件。表 3 - 9 为铝合金焊使用的焊丝直径、焊接电流和送丝速度。

表 3 - 9　铝合金焊使用的焊丝直径、焊接电流和送丝速度

焊丝直径/mm	焊接电流/A	送丝速度/(m/min)
0.8	40 ~ 170	4.5 ~ 20
1.2	100 ~ 200	4.2 ~ 12
1.6	150 ~ 290	3.5 ~ 10
2.4	220 ~ 350	2.5 ~ 5.5

(1)同质焊丝

焊丝成分与母材成分相同，或从母材上切下板条作填充金属。母材为纯铝 LF2l、LF6、LYl6 和 A1 - Zn - Mg 合金，可采用同质焊丝。

(2)异质焊丝

为了满足焊接时抗裂要求，焊丝成分与母材成分有较大差异。如高 Mg 焊丝焊接低 Mg 的 Al - Mg 合金，用 A1 - 5% Si 焊丝焊接 Al - Cu - Mg 合金等。

A1 - 5% Si 焊丝(LTl)，可用于焊接多数铝合金，焊接硬铝或锻铝抗裂性好，但不适宜焊接含 Mg 量较高的合金(因易形成脆性相 Mg_2Si)。焊接低 Mg 的 Al - Zn - Mg 合金有时也可以使用。

A1 - 5% Mg 焊丝(LF10、LF11、5356)，可用于焊接含 Mg 合金，如 LF3、LF6、LC4 等。

LY16 焊丝主要用于焊接与其成分基本相同的 A1 - Cu - Mn 合金，也可用于焊接 Al - Cu - Mg 合金硬铝。

3.6　高温合金的焊接

3.6.1　高温合金的类型和特性

高温合金是指 600 ~ 1100℃下具有较高力学性能、抗氧化和耐腐蚀性能的合金，可分为镍基、铁基和钴基三类，而镍基及镍铁基高温合金是目前高温合金结构材料的重要成员。镍基高温合金由于具有组织稳定、工作温度高、合金化能力强、耐热性及耐腐蚀性优异等特点，目前已成为航空航天、军工、舰艇燃气机、火箭发动机所必需的重要金属材料。从高温合金的发展史来看，高温合金经历了变形高温合金、普通铸造高温合金、定向凝固高温合金、单晶高温合金 4 个阶段。根据合金强化类型，高温合金可以分为固溶强化型合金和时效沉淀强化合金。通过材料成型方式，可分为铸造高温合金（包括普通铸造合金、单晶合金、定向合金等）、变形高温合金、粉末冶金高温合金（包含普通粉末冶金和氧化物弥散强化高温合金）。

高温合金固溶强化过程，通过提高原子结合力和晶格畸变，使高温合金基体中固溶体的滑移阻力增加、滑移变形困难而达到强化的目的。在铁基和镍基高温合金中，通常加入 Cr、Mo、W、Co、Al 等元素进行固溶强化。第二相强化又分为失效析出沉淀强化、铸造第二相骨架强化和弥散质点强化等，它利用细小均匀分布的稳定质点阻碍位错运动，而实现高温强化的目的。本质上说，第二相强化是通过第二相的应力对位错的阻碍作用、位错攀移、切割第二相以及位错弯曲绕过第二相时的阻碍作用，使高温滑移变形或扩散变形困难来实现强化。高温合金晶界强化，是利用 B、Zr、Mg、La、Ce 等微量元素在晶界偏聚和改善晶界状态等实现高温强化。

3.6.2　高温合金焊接性分析

高温合金焊接性易受合金成分的影响，除 S 和 P 元素外，Al、Ti、Si、B 等元素对高温合金焊接性也有较大的影响，表现为裂纹敏感性的增大，尤以 Al 和 Ti 元素为甚。根据 Al、Ti 的含量，可将高温合金焊接性分为易焊、可焊、难焊三类。此外，焊前组织状态及焊件表面清洁度、焊后热处理和焊接方法等都会对高温合金的焊接性造成影响。其中，焊前经固溶处理的裂纹敏感性小，焊前经冷轧（含冷作）、平整或时效处理的裂纹敏感性大，故各类高温合金都要求在固溶或退火状态下焊接。表面清洁度直接影响高温合金的热裂纹敏感性，S、P、Pb、Sn、Sb 等低熔点杂质的存在，微量 Cu 对于钴基高温合金，均有可能诱发热裂纹。焊后消除应力热处理不仅可消除焊接残余应力，亦可改善接头的组织和性能，故重要结构一般要进行固溶或中温消除应力热处理。高温合金的焊接性可以从裂纹敏感性、接头组织不均匀性和焊接接头的等强性三个方面进行阐述。

3.6.2.1　高温合金的裂纹敏感性

高温合金裂纹敏感性可以从结晶裂纹、液化裂纹和应变时效裂纹三方面进行阐述。

（1）结晶裂纹

母材的组织状态决定了高温合金的结晶裂纹倾向，可以从以下几个方面进行分析。表 3 - 10 列出了常用高温合金氩弧焊的裂纹敏感性系数。

①结晶裂纹的敏感程度

1）固溶强化高温合金。此类高温合金具有较小的结晶裂纹敏感性，裂纹敏感系数 K 小于 10%，适于制造复杂形状的焊接构件。固溶强化型高温合金中的强化元素 W、Mo、Cr、Co、Al 等在 Ni 中溶解度很大，几乎全部溶入基体，形成面心立方 γ 固溶体。焊接过程中合金不发生相变，故对结晶裂纹无直接影响。微量元素聚集于晶界，形成低熔点共晶组织，导致裂纹敏感性增大。其中，S、P、C、B 明显增加裂纹敏感性；Si、Mg 则轻微增大裂纹敏感性。

2）铝钛含量较低（小于 4%）的沉淀强化高温合金。此类高温合金具有中等结晶裂纹敏感性，裂纹敏感性系数 K 约为 10% ~ 15%，属于可焊合金，适用于制造结构简单的焊接件。

表 3—10　常用高温合金氩弧焊的裂纹敏感性系数

合金牌号	铝 + 钛总量%	B 含量%	焊丝牌号	裂纹敏感性系数 K/%
GH3033	0.50	–	HGH300	5.5
GH3044	1.20	–	HGH3044	6.0
GH1140	1.55	–	HGH1140	7.5, 5.0
GH3128	1.60	0.005	HGH3128	8.0
GH2132	2.70	0.010	HGH2132	8.8
GH99	3.35	0.005	GH99	8.3
GH150	3.10	0.006	GH150, GH533	13.0, 7.8
GH2018	3.00	0.015	GH2018	15.0
K406	6.25	0.100	HGH3113	25.2
K403	8.90	0.018	HGH3113	35.2
K417	10.0	0.018	HGH3113	47.2

3) 铝钛含量高的沉淀强化合金和铸造高温合金。此类高温合金具有较大的结晶裂纹敏感性，裂纹敏感系数 K 大于15%，属于难焊合金，不适于制造熔焊的焊接构件，只适于用真空钎焊和扩散焊等特殊焊接工艺。沉淀强化型高温合金和铸造高温合金裂纹敏感性随 B、C 含量的增加而增大。Al + Ti 含量大于6%时，合金的裂纹敏感性显著增加，焊接性变差。Al/Ti 之比高的合金裂纹敏感性高，应控制在小于2为宜。

②结晶裂纹敏感性评价方法

结晶裂纹敏感性评价主要有可变拘束十字形裂纹敏感性试验方法。

③防止结晶裂纹的措施

制定焊接工艺时，选用较小的焊接电流，降低热输入量，改善熔池结晶形态，减小枝晶偏析；采用抗裂性优良的焊丝，如 HGH3113、GH533 等；尽量在固溶状态或淬火状态下焊接。

(2) 液化裂纹

液化裂纹同样对高温合金的焊接性造成了严重的影响，需要对

其进行深入分析，尽量抑制高温合金焊接过程形成液化裂纹，可以
从以下几个方面进行分析。

①液化裂纹的倾向

高温合金所含合金元素种类较多，大部分合金具有液化裂纹的
倾向，随着合金元素含量增加，合金液化裂纹越显著，需要通过优
化焊接工艺来减小焊接裂纹倾向，从而提高接头的组织稳定性。

②液化裂纹的部位

液化裂纹主要产生在近缝区，通常会沿晶开裂，严重影响了接
头的可靠性。

③液化裂纹的形成

高温合金中强化元素在晶界形成碳化物，其中部分为共晶组织，
也有部分相发生溶解。焊接时，靠近熔池的近缝区迅速加热到固 -
液相区温度，晶界上的共晶体和某些相来不及发生平衡转变，在晶
界上形成液态薄膜，造成晶界液化。晶界液膜在拘束力作用下被拉
裂形成液化裂纹。

④防止液化裂纹的措施

在焊接过程中，可以通过尽量降低热输入、减小过热区和母材
高温停留时间来最大程度地防止液化裂纹的形成。

（3）应变时效裂纹

高温合金由于所含合金元素种类较多，同样容易形成应变时效
裂纹，可以从以下几方面进行分析。

①应变时效裂纹的形成

铝钛含量高的沉淀强化合金和铸造高温合金焊接后，在时效处
理过程中，熔合线附近会产生一种沿晶扩展的裂纹，称之为应变时
效裂纹。

②应变时效裂纹的成因

应变时效裂纹的形成与焊接残余应力和拘束应力以及时效过程
中的塑性损失有关，因此在焊接过程中需要对上述因素进行控制。

③应变时效裂纹的敏感性

高温合金对不同的焊接方法引起的应变时效裂纹存在差异性，
其中手工氩弧焊应变时效裂纹敏感性最大，电子束焊接引起的应变

时效裂纹敏感性最小。

④防止应变时效裂纹的措施

针对高温合金应变时效裂纹，可以从以下方面进行防止：选择含 Al、Ti 较低，或用 Nb 替代部分 Al、Ti 的高温合金；选用合理的接头形式和焊缝分布，减少焊接件的拘束度；调节焊接热循环，避免热影响区中碳化物产生相变而引起的脆性；焊后对焊缝和热影响区进行合理的锤击或喷丸处理，在消除拉应力的同时形成压应力状态，优化接头应力分布，提高接头组织的稳定性。

3.6.2.2　接头组织的不均匀性

固溶强化高温合金，组织比较简单，在焊缝区域熔池冷却速度快，晶内偏析形成层状组织，偏析严重时在枝晶间会形成共晶组织；在热影响区，沿着晶界会发生局部熔化和晶粒长大，在焊缝两侧容易形成两条粗带。

沉淀强化合金和铸造高温合金其组织比较复杂，在焊缝区域经过熔化凝固过程，原 γ'、γ''、碳化物、硼化物等会溶入基体，形成单一的 γ 固溶体。焊缝冷却速度快，形成横向枝晶短而主轴长的树枝状晶，在树枝状晶间和主轴之间存在较大成分偏析，焊缝中产生共晶成分的组织。在热影响区，焊缝热循环区域引起 γ'、γ'' 相强化相溶解、碳化物相转变，会影响合金高温性能。

3.6.2.3　焊接接头的等强性

与母材相比，要求高温合金接头具有同样的抗氧化性、耐腐蚀性、高温强度、塑性、疲劳性能。焊接接头等强性常用接头强度系数 K_σ 表征，K_σ = 接头抗拉强度/母材抗拉强度。

接头强度系数会受到多种因素的影响，接头区组织特征影响显著，特别热影响区形成的弱化区，晶粒长大，γ' 强化相和碳化物相溶解导致了接头弱化区的形成；合金类型和焊接方法也会对接头强度系数造成严重影响，其中固溶化合型高温合金采用手工或自动氩弧焊时，K_σ 为 90% ~95%，而采用电子束焊接时 K_σ 为 95% ~98%，沉淀强化型高温合金的 K_σ 普遍较低，如采用氩弧焊的 K_σ 为 82% ~90%；焊后经固溶和时效处理后接头强度接近母材的水平；采用异种焊丝时，接头强度更难达到母材的水平。

3.6.3　高温合金的焊接工艺及要点

固溶强化高温合金，焊接性良好，采用较小的焊接热输入可避免结晶裂纹，获得良好质量接头，无须采取其他工艺措施；沉淀强化高温合金，焊接性较差，必须在固溶状态下焊接，接头设计和焊接顺序合理，使焊件具有较小的拘束度，采用较小的焊接电流，改善熔池结晶状态，避免形成热裂纹。

对于焊丝选择，固溶强化型和铝钛含量较低的沉淀强化高温合金，选用与母材化学成分相同或相近的焊丝，获得与母材性能相近的接头；铝钛含量较高的沉淀强化高温合金或拘束度大的焊件，为了防止裂纹，推荐选择抗裂性好的 Ni-Cr-Mo 系合金焊丝，这类焊缝不能热处理强化，接头强度低于母材；对于钴基高温合金，需要选择与母材成分相同或 Ni-Cr-Mo 系合金焊丝。

对于高温合金钨极氩弧焊，危害最大的缺陷是裂纹，为了防止裂纹形成，可以通过合理设计焊接接头和安排焊接次序，减小结构的拘束度，选用抗裂性优良的焊丝，采用小的焊接电流，减小焊接热输入，填满收弧弧坑，防止弧坑裂纹。为了防止气孔和夹渣缺陷，焊前对焊件和焊丝需要进行清理，最好采用化学清理方法，注意铜垫板的清洁，焊接时应保持稳定的电弧电压，注意钨极直径与焊接电流相适应，防止焊接时钨极与熔池接触，造成钨夹渣。

3.7　钛及钛合金的焊接

3.7.1　钛及钛合金的类型和特性

钛是 20 世纪 50 年代发展起来的一种重要的结构金属，钛的性能与碳、氮、氧等杂质含量有关，钛及钛合金具有密度低、比强度高、耐蚀性好、导热率低、生物相容性好、表面可装饰性强等特性，广泛应用于航空、航天、化工、石油、电力、医疗、建筑、体育用品等领域。

钛是同素异构体，在低于 882℃时呈密排六方晶体结构，成为 α

钛，在 882℃以上呈体心立方晶体结构，成为 β 钛。利用钛的上述两种结构的不同特点，添加适当的合金元素，使其相变温度及相分含量逐渐改变可以得到不同组织的钛合金。室温下，钛合金有三种基体组织，钛合金也就分为以下三类：α 合金、（α + β）合金和 β 合金，中国分别以 TA、TC、TB 表示，钛合金相图如图 3 - 5 所示，可知 β 相稳定元素含量调控了钛合金组织。

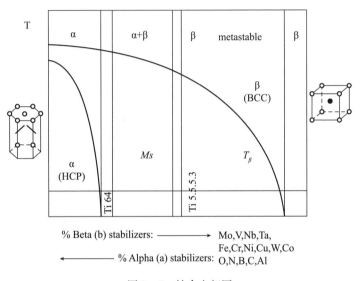

图 3 - 5　钛合金相图

α 钛合金是 α 相固溶体组成的单相合金，不论是在一般温度下还是在较高的实际应用温度下，均是 α 相，组织稳定，耐磨性高于纯钛，抗氧化能力强，如工业纯钛（TA0、TA1、TA2、TA3）和 TA7（Ti - 5Al - 5Sn）。α 钛合金在 500 ~ 600℃ 的温度下，仍保持其强度和抗蠕变性能，但不能进行热处理强化，室温强度不高。β 钛合金是 β 相固溶体组成的单相合金，未热处理即具有较高的强度，淬火、时效处理后得到进一步强化，室温强度可达 1372 ~ 1666MPa，通常又可分为可热处理 β 钛合金（亚稳定 β 钛合金）和稳定 β 钛合金。β 钛合金热稳定性较差，不宜在高温下使用。（α + β）钛合金是双相合金，具有良好的综合性能，组织稳定性好，有良好的韧性、塑性和高温变形性能，能较好地进行热压力加工，能进行淬火、时效强化，其中典型合金 TC4(Ti - 6Al - 4V)，该合金产品占钛合金产量的 55% ~65%，可用于生产各种大规格航空锻件和零件。热处理后的强度约比退火状态提高 50% ~100%；高温强度高，可在 400 ~ 500℃ 的温度下长期工作，其热稳定性次于 α 钛合金。三种钛合金中最常用的是 α 钛合金和(α + β)钛合金；α 钛合金的切削加工性最好，(α + β)钛合金次之，β 钛合金最差。

钛合金按用途可分为耐热合金、高强合金、耐蚀合金(钛 - 钼，钛 - 钯合金等)、低温合金以及特殊功能合金(钛 - 铁贮氢材料和钛 - 镍记忆合金)等。

3.7.2　钛及钛合金的焊接性

钛及钛合金的焊接性能，具有许多显著特点，这些焊接特点是由于钛及钛合金的物理化学性能决定的。1)化学活性大。钛及钛合金不仅在熔化状态，即使在 400℃ 以上的高温固态也极易被空气、水分、油脂、氧化皮等污染，吸收 O_2、N_2、H_2、C 等，使焊接接头的塑性及冲击韧性下降，并易引起气孔。因此，施焊时对焊接熔池、焊缝及温度超过 400 ℃ 的热影响区都要妥善保护。2)热物理性能特殊。钛及钛合金与其他金属比较，具有熔点高、热容量小、热导率小的特点，因此焊接接头易产生过热组织，晶粒变得粗大，特别是 β 钛合金，易引起塑性降低，所以在选择焊接参数时，既要保证不过热，又要防止淬硬现象。由于淬硬现象可通过热处理改善，而晶粒粗大却很难细化，因此为防止晶粒粗大，应选择硬参数，从而避免钛及钛合金焊接接头出现脆化、裂纹和气孔等指令缺陷。为掌握钛及钛合金的焊接工艺，提高焊接质量，必须深入了解钛及钛合金的焊接性。

（1）焊接接头的脆化

钛及钛合金很容易受到气体等杂质的污染而产生脆化，造成钛及钛合金焊接接头脆化的主要元素有 O、N、H、C 等。O 和 N 间隙固溶于钛中，使钛晶格畸变，变形抗力增加，强度和硬度增加，塑性和韧性却降低，焊缝中含氧和氮是不利的，应设法避免。H 的增加会使钛的焊缝金属冲击韧性急剧下降，而塑性下降少许，氢化物会引起接头的脆性。常温下，C以间隙形式固溶于钛中，使强度增加，塑性下降，但不如氧、氮明显，碳量超过溶解度时生成硬而脆的 TiC，呈网状分布，易产生裂纹，国际规定钛及钛合金中碳含量不得超过 0.1%，焊接时，工件及焊丝的油污会增加碳含量，因此焊接时需要清洗干净。

常温下由于表面氧化膜的作用，钛能保持高的稳定性和耐腐蚀性，但钛在高温下，特别是在熔融状态时对于气体有很大的化学活泼性，而且在 540℃以上钛表面生成的氧化膜较疏松，随着温度的升高，容易被空气、水分、油脂等污染，使钛与 O、N、H 的反应速度加快，降低焊接接头的塑性和韧性。无保护的钛在 300℃以上吸氧，700℃以上吸氮。工业纯钛薄板在空气中加热温度越高，保温时间越长，则焊接接头的塑性下降得越多。焊接接头在凝固、结晶过程中，焊缝热影响区的金属在反面得不到有效保护的情况下，很容易吸收 O、N、H。焊接时对于熔池及温度超过 400℃的焊缝和热影响区域（包括焊缝背面）都要加以妥善保护。

所以为了避免钛合金接头脆化，限制母材和焊丝中氢的含量以及表面吸附的水分，应采用高纯度的惰性气体作为保护气体，使焊缝的氢含量控制在 0.015%以下；此外，通过采用冶金措施提高氢的溶解度，例如添加 5%的 Al，在常温下可使氢在 α 钛中的溶解度达到 0.023%，从而降低焊缝的氢脆倾向；还要注意对母材和焊丝碳含量的控制，避免焊缝增碳，做好焊接区域的清洁工作。

（2）焊接接头的裂纹

钛及钛合金焊接时，焊接接头产生热裂纹的可能性很小，这是因为钛及钛合金中 S、P、C 等杂质含量很少，由 P、S 形成的低熔点共晶不易出现在晶界上，加之有效结晶温度区间窄小，钛及钛合金凝固时收缩量小，焊缝金属不易产生热裂纹。但当母材和焊丝质量不合格，特别是当焊丝有裂纹、夹层等缺陷时，会在夹层和裂纹处积聚大量有害杂质而使焊缝产生热裂纹。

钛及钛合金焊接时，热影响区可出现冷裂纹，其特征是焊缝产生在焊后数小时甚至更长时间，故也被称作延迟裂纹。焊缝中的 O、

H 和 N 的含量较多时，容易出现冷裂纹。研究表明，这种裂纹与焊接过程中氢的扩散有关。焊接过程中氢由高温熔池向较低温的热影响区扩散，氢含量的提高使该区析出 TiH_2 量增加，增大热影响区脆性，另外由于氢化物析出时体积膨胀引起较大的组织应力，再加上氢原子向该区的高应力部位扩散及聚集，以致形成裂纹。

为了防止冷裂纹的产生，在焊接时可以控制氢的来源，必要时可以采用真空退火处理，以减少焊接接头的含氢量。

（3）焊缝气孔

钛及钛合金焊接时最常见的缺陷是气孔，主要产生在熔合线附近。O_2、N_2、CO_2、H_2O 都可能导致焊缝形成气孔，但氢是形成气孔的重要原因。焊接时由于钛吸收氢的能力很强，而随着温度的下降氢的溶解度显著下降，所以溶解于液态金属中的氢往往来不及逸出，便在焊缝中聚集形成气孔。

焊接接头中的气孔不仅造成应力集中，而且使气孔周围金属的塑性降低，从而使整个焊接接头的力学性能下降，甚至导致接头的断裂破坏。因此必须严格控制气孔的生成，防止气孔产生的关键是杜绝气体的来源，防止焊接区污染，通常采取以下措施。

1）焊前仔细清除焊丝、母材表面上的氧化膜及油污等有机物质；严格限制原材料中氢、氧、氮等杂质气体的含量；焊前对焊丝进行真空去氢处理，以改善焊丝的含氢量和表面状态。

2）尽量缩短焊件清理后到焊接的时间间隔，一般不要超过 2h，否则要妥善保存，以防吸潮；采用机械方法加工坡口断面，并除去剪切痕迹。

3）正确选择焊接工艺，延长熔池停留时间，以便于气泡的逸出；控制氩气的流量，防止紊流现象。

（4）接头粗晶倾向

钛的熔点高、热容量大且导热性差，所以在焊接时容易出现较大的熔池，并且熔池温度较高，这使得焊缝及热影响区金属在高温的停留时间比较长，晶粒长大倾向较大，使接头塑性和断裂韧性降低。长大的晶粒难以用热处理方法恢复，所以焊接时应该严格控制焊接热量输入。熔化焊时应采用能量集中的热源，减小热影响区的大小；或采用较小的焊接电流和较大的焊接速度，以提高热影响区的塑性。但是对于（α＋β）钛合金，为了避免 α 相和 β 相产生不良结合以及避免 ω 相的形成，应该采用较大的线能量。

（5）焊接变形

钛的弹性模量比不锈钢小，在同样的焊接应力条件下，钛及钛合金的焊接变形是不锈钢的两倍，因此焊接时应该采用垫板和压板将待焊工件压紧，以减小焊接变形。此外，垫板和压板还可以传导焊接区的热量，缩短焊接区的高温停留时间，减小焊缝的氧化。

3.7.3　钛及钛合金的焊接工艺及要点

（1）焊接材料

焊接材料的选择是焊接工艺中重要的环节，对焊缝质量有极大的影响。对于钛及钛合金焊接而言，在选在焊丝时，尽量选择与母材成分相同的焊丝，或者强度略低于母材的焊丝，这样可以降低焊接接头的韧性，提高焊接质量。一般将在真空条件下经过退火处理的 TA1　TA6 和 TC3 等焊丝用作钛合金焊接，若缺乏标准焊丝，可以在母材上加工窄条作为焊丝，尽量达到焊丝的使用标准。为了保证焊接工艺的标准型，应该对焊丝进行妥善的保存，做好防潮处理，避免因为焊丝性能发生变化而影响到焊接质量。钛及钛合金钨极氩弧焊应选用具有下降外特性、高频引弧的直流氩弧焊电源，且延迟递气时间不少于 15s，避免焊缝受到氧化、污染。

（2）焊前准备

钛及钛合金焊前的准备工作非常重要，应该对焊件表面进行清洁处理，避免因为油污及杂质而导致焊缝出现气孔、夹渣等质量缺陷。清洁工作主要包括机械清理和化学清理，对于冲压、剪切和切割下料的工件，在焊接前需要对接头的边缘进行机械清理，为焊接做好准备工作。如果焊接工艺要求不高，可以用细砂布或者不锈钢丝刷将焊缝边缘的氧化膜去掉，露出里面的光泽。采用气割下料的工件，可以用丙酮、乙醇或者甲醇将坡口两侧的油污和有机物质擦除干净。在化学清理中，一般使用盐酸对焊件焊丝的表面进行清理，但是，经过酸洗或者水洗后的焊件或者焊丝，应该在 4 小时内使用完，否则需要重新进行清理。焊丝应该在 150～200℃ 的烘箱中保存，随取随用，但是在取焊丝时，应该戴白手套，防止焊丝受到潮热而影响焊接效果。做好对焊件的保护工作，用塑料布掩盖，防止受到污染，如果焊件受到污染，可以用丙酮或者酒精进行擦洗。

（3）钛及钛合金的焊接工艺

氩弧焊是钛和钛合金中最常用的焊接方法，在电极棒、熔池、电弧和焊件的受热影响区中会有气体状态的保护，从而隔绝大气的混入，避免对焊缝产生污染，提高焊接质量。钨极氩弧焊在连接薄板和打底焊中比较常见，主要用于 10mm 以下的板材焊接。此种焊接方法使用高熔点的钨棒做为电极，将钨棒和焊件之间的焊丝或者金属熔化，达到焊接的目的。通常情况下，钨极氩弧焊有自动焊和手工焊两种。在手工氩弧焊时，需要使用氩气保护效果较好的焊枪、托罩，焊枪尽量与焊件的表面保持垂直状态，钨极和喷嘴与焊件之间的距离要尽量小。在送丝时，注意将焊丝熔化端控制在氩气保护区，避免焊丝熔化端发生氧化而影响到焊缝质量。在焊接中断或者结束焊接时，焊枪要在焊缝保护区停留一段时间，利用氩气对焊缝进行保护，防止氧化，待焊缝不会发生氧化后方可移开。

（4）焊后处理

钛及钛合金在焊接时温度较高，所以焊后需要对焊件进行热处理，以消除应力，获得良好的物理性能。真空热处理可以还可以降低氢含量，提高接头稳定性，根据合金成分、原始状态和结构使用要求可选择进行退火、时效或淬火－时效等焊后热处理工艺。

其中，焊后退火适用于各种钛及钛合金，并且是 α 和 β 单相钛合金唯一的热处理方法，α 和 β 单相钛合金对退火后的冷却速率不敏感；而（α＋β）钛合金，特别是过渡型合金对冷却速度敏感性极强，需要以规定速率冷却到一定温度后再进行空冷。为了保证接头热稳定性，开始空冷的温度不应低于使用钛及钛合金焊接接头推荐的退火温度，常见钛合金焊接接头的推荐退火温度如表 3－11 所示。

表 3 - 11　钛及钛合金退火温度

材料	TA1、TA2	TA6、TA7	TC1、TC2	TC3、TC4	TB2
退火温度/℃	550 ~ 680	720 ~ 820	620 ~ 700	720 ~ 820	790 ~ 810

　　许多钛合金在焊接热循环作用下会形成局部淬火，因此焊后一般可不再进行淬火处理。为了保证基体金属的强度，采用焊前淬火、焊后时效热处理可以优化接头质量，获得稳定良好的接头组织。

　　淬火 – 时效热处理是一种强化热处理方式，其原理是在高温快速冷却时保留亚稳态的 α 和 β 相的弥散质点，形成平衡的 α + β 组织。(α + β)钛合金随淬火温度升高会促进接头强度的提高，但塑性变形能力会降低。采用这种热处理工艺的困难在于大型结构淬火困难，淬火变形难以矫正，因此除了压力容器有时采用这种热处理工艺外，一般很少使用。

第4章　火箭发动机焊接接头结构类型

4.1　基本概念

4.1.1　焊接接头

焊接接头是指两个或者两个以上的零件用焊接方法连接的接头。随着现代焊接技术的发展，新的焊接方法不断出现，接头类型更是繁多。

4.1.2　焊接接头的特点

焊接接头由焊缝金属、熔合线、热影响区和邻近的母材组成。焊接接头是采用高温热源对被焊金属进行局部高温加热，使之熔化并随之冷却凝固，将被焊母材熔合连接在一起而形成的，如图4-1所示。

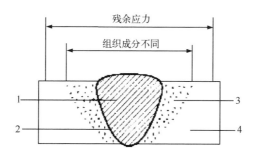

图4-1　焊接接头的构成

1—焊缝金属；2—熔合线；3—热影响区；4—近缝母材

在焊接接头中，焊缝金属一般是由焊接填充材料及部分母材熔合凝固形成的铸造组织，其组织和化学成分与母材有较人差异。近缝区受焊接热循环和热塑性变形的影响，金属组织和性能都发生了变化，特别是在熔合线处的金属组织和成分更为复杂。此外，焊接接头因焊缝形状和布局不同，会产生不同程度的应力集中。

由于焊接接头的特殊性，其断裂强度、塑性和韧性与母材不同。影响焊接接头性能的因素较多，归纳起来主要有两个方面：一是焊接接头力学性能的影响，主要包括焊接接头的几何不连续性（如焊接裂纹、熔合不良、咬边、夹渣、气孔等）、残余应力和焊接变形；二是焊接热输入影响，主要表现在焊接过程中的热循环不仅使局部区域发生组织变化，而且还会在一些区域，虽不发生组织变化，但会使这部分金属经受较复杂的塑性变形，造成焊接材质性能下降。此外，焊后热处理和矫正变形等加工工序，也会影响焊接接头的性能。

4.1.3　焊接接头的基本形式

在焊接结构中，一般根据焊接件的结构形式、钢材厚度和对强度的要求以及施工条件等情况来选择焊接接头形式。最常用的接头是对接接头、搭接接头、T形（十字形）接头和角接头。不同类型的接头有各自的优缺点。

（1）对接接头

对接接头是将同一平面上的两个被焊工件的边缘相对焊接起来而形成的接头。在焊接生产中，通常使对接接头的焊缝略高于母材板面，高出部分称为余高（可分为正面余高和背面余高）。由于余高的存在，造成构件表面不光滑，在焊缝与母材的过渡处易引起应力集中，应力大小主要受余高大小、焊缝向母材过渡半径影响。

对接接头中的焊缝叫做对接焊缝。按照焊接件厚度及坡口准备的不同，对接接头的形式可以分为边对接接头、I形接头和坡口对接接头。各种接头形式和坡口形状如表4－1所示。由于具备受力好、强度大、应力集中小以及材料消耗小等特点，对接接头在各种焊接结构中采用最多，也是最完善的一种接头形式。但对接接头对两焊件边缘加工及装配要求较高，易造成质量隐患。

应用对接接头时，对于焊件厚度较厚、要求较高的焊件，为了确保焊接质量、接头的性能以及经济性，需对焊件开坡口。坡口形式的选择主要根据被焊工件的厚度、焊后应力变形的大小、坡口加工的难易程度、焊接方法和焊接工艺过程来确定。

表 4 – 1　焊接接头及焊缝基本形式

接头形式	序号	焊接接头示意图	焊缝形式举例	坡口名称
对接	1			卷边坡口
	2			
	3			I 形坡口
	4			I 形带垫板坡口
	5			V 形
				双 V 形
				带钝边 U 形
				带钝边 J 形
				带钝边双 U 形坡口

（续表）

接头形式	序号	焊接接头示意图	焊缝形式举例	坡口名称
搭接	6			不开坡口角（槽）焊缝
	7			圆孔内塞焊缝
T形（十字）接	8			单边 V 形坡口
	9			钝边单边 V 形
	10			双单边 V 形
角接	11			错边 I 形坡口
				带钝边单 V 形坡口
	12			带钝边双 V 形坡口
	13			
端接	14			卷边端接
	15			直边端接

（2）搭接接头

搭接接头是将两被焊接工件相叠，在相叠部分的端部或侧面以角焊缝连接的接头。根据结构形式和强度要求的不同，一般可以采用不开坡口、圆孔塞焊和开槽塞焊等形式，如表4-1中6、7所示。

由于搭接接头使构件形状发生了较大的变化，所以应力集中要比对接接头的情况复杂得多，而且接头的应力分布极不均匀。在搭接接头中，根据搭接角焊缝受力方向的不同，可将搭接角焊缝分为三种形式：焊缝与受力方向垂直的正面角焊缝；与受力方向平行的侧面角焊缝；与受力方向成一定角度的斜向角焊缝。

搭接接头受力时由于两焊接件中心不在同一平面，易产生附加弯矩，加上工作应力分布不均匀，疲劳强度低，因此搭接接头不是焊接结构中的理想连接形式。但焊前准备和装配工作比对接接头简单得多，而且横向收缩量也比对接接头小，所以在焊接结构中仍得到较为广泛的应用。

不开坡口的搭接接头一般用于12mm厚度以下的焊接件连接。但对锅炉、压力容器以及其他一些承载能力要求较高的焊接件焊缝，都不采用搭接形式。在工程实际应用中，为了提高搭接接头的使用性能，尽可能采用正反面都进行焊接的接头形式，如图4-2所示。

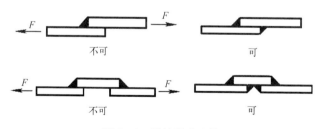

图4-2　搭接接头比较

（3）T形（十字形）接头

T形（十字形）接头是把互相垂直的被焊工件用角焊缝连接的接头，它能承受各个方向的力和力矩。T形接头是各类箱形构件中最常见的接头形式，在压力容器插入式管子与筒体的连接、人孔与加强圈、筒体的连接结构中也有较多的应用。T形（十字形）接头的种

类较多，有焊透和不焊透的、开坡口和不开坡口的，如表 4 - 1
所示。

由于 T 形(十字形)接头焊缝向母材过渡较急剧，接头在外力作用下扭曲很大，造成应力分布不均，特别在角焊缝和趾部有很大的应力集中。保证焊透是降低 T 形(十字形)接头应力集中的重要措施之一，在实际生产中，这类焊缝应避免采用不开坡口的单面焊。对于厚板并受动载荷的 T 形(十字形)接头，应采用 K 形或 V 形坡口使之焊透，如表 4 - 1 所示。这不仅可以节约焊缝金属，而且接头疲劳强度能得到较大改善。对于要求全焊透的 T 形接头，若采用 V 形坡口单面焊，焊后再清根焊满，如表 4 - 1 中 8 所示，比采用 K 形坡口的焊接性能更为可靠。

(4)角接接头

角接接头是两个被焊接工件端面间构成一定的角度，在焊件边缘焊接的接头。根据板厚及工件的重要性，角接接头有不开坡口和开 V 形、单边 V 形及 K 形坡口等形式，如表 4 - 1 所示。角接接头多用在箱形构件上，骑坐式管接头和筒体的连接、小型锅炉中火筒和封头的连接也属于这种接头形式。

与 T 形接头类似，单面焊的角接接头承受反向弯曲的能力较低，除了焊接件很薄或不重要的结构外，一般都应开坡口两面焊。如表 4 - 1 中 11 所示角接接头形式较简单，但承载能力最差，特别是当接头受到弯曲力矩时，焊根部产生较大的应力集中。若采用表 4 - 1 中 13 所示的双面焊角焊缝连接，其承载能力将会大大提高。焊接接头形式的选用，主要根据焊件的结构形式、零件的几何尺寸、焊接方法、焊接位置和受力等情况而定。

4.1.4　焊缝符号及其表示方法

为了简化图样，统一焊接施工图上的标注代号，国家标准 GB324 规定了焊缝符号的表示方法。焊缝符号一般由基本符号和指引线组成，必要时可以加上辅助符号、补充符号和焊缝尺寸符号及数据。

1)基本符号：表示焊缝端面形状的符号。表 4 - 2 所示为常用焊缝的基本符号。

2）辅助符号：表示焊缝表面形状特征的符号，如表 4-2 所示。当不需要确切说明焊缝的表面形状时，可以不用辅助符号。

3）补充符号：为了补充说明焊缝某些特征而采用的符号。表 4-2 所示为常用焊缝的补充符号。

表 4-2　常用焊缝基本符号、辅助符号、补充符号及标注示例

符号		焊缝名称	示意图	标注示例	符号		焊缝名称	示意图	标注示例
基本符号	‖	I 形焊缝			辅助符号	─	平面符号		
	V	V 形焊缝				⌣	凹面符号		
	V	单边 V 形焊缝				⌒	凸面符号		
	Y	带钝边 V 形焊缝			补充符号	⊏	补充符号		
	V	带钝边单边 V 形焊缝				○	三面焊缝符号		
	△	角焊缝				◣	周围焊缝符号		
	○	点焊缝				⟨	现场符号		5 ╲ 250 ╱ 3

4）焊缝尺寸符号：用于代表焊缝的尺寸要求，当需要注明尺寸要求时才标注。表 4-3 所示为常见的焊缝尺寸符号。

表 4 - 3　常用焊缝尺寸符号及标注示例

名称	符号	示意图	标注示例
工件厚度 坡口角度 坡口深度 根部间隙 钝边高度	δ α H b B		
焊缝段数 焊缝长度 焊缝间隙 焊脚尺寸	n l e K		
熔核直径	d		
相同焊缝 数量符号	N		$N=3$

　　5)指引线:由箭头线和基准线组成,箭头指向焊缝处,基准线由两条互相平行的细实线和虚线组成,如图 4 - 3(a)所示。当需要说明焊接方法时,可以在基准线末端增加尾部符号。图 4 - 3(b)所示为焊缝尺寸符号及数据的标注位置。

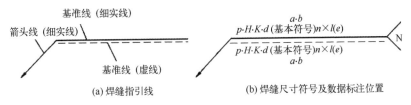

(a)焊缝指引线　　　　　　　(b)焊缝尺寸符号及数据标注位置

图 4 - 3　焊缝符号的指引线及尺寸符号的标注位置

4.1.5 焊接接头设计与选择原则

焊接接头是构成结构的关键部分，同时又是结构的薄弱环节，其性能好坏直接影响整个结构的可靠性。实践证明，焊接结构的破坏多起源于焊接接头区，除了与材料的选用、结构的合理性以及结构的制造工艺有关外，还与接头设计有直接的关系。因此在保证焊接质量的前提下，焊接接头设计与选用应遵循以下原则。

1）接头形式应尽量简单，焊缝填充金属要尽可能少，接头不应设在最大应力可能作用的截面上，否则由于接头处几何形状的改变和焊接缺陷等原因，会在焊缝局部区域引起严重的应力集中。

2）焊缝外形结构应连续、圆滑，以减少应力集中。

3）接头设计要使焊接工作量尽量少，且便于制造与检验。

4）合理选择和设计接头的坡口尺寸，如坡口角度、钝边高度、根部间隙等，使之有利于坡口加工和焊透，以减小各种焊接缺陷产生的可能性。

5）对角焊缝接头，要特别重视焊脚尺寸的设计和选用。因为大尺寸角焊缝的单位面积承载能力较低，而焊脚材料的消耗却与焊脚尺寸的平方成正比。

6）按等强度要求，焊接接头的强度应不低于母材标准规定的抗拉强度的下限值。

7）焊接残余应力对接头强度的影响通常可以不考虑，但是对于焊缝和母材在正常工作时缺乏塑性变形能力的接头以及承受重载荷的接头，仍需考虑残余应力对焊接接头强度的影响。

4.2 焊接结构

焊接结构是将各种经过轧制的金属材料及铸、锻等坯料采用焊接方法制成能承受一定载荷或具备一定功能的金属结构。

4.2.1 焊接结构的优点

1）焊接结构可以减轻结构的重量，提高产品的质量，特别是大型毛坯的质量(相对铸造毛坯)。相对铆接结构其接头效能较高,节省金属材料,节约基建投资,可以取得较大的经济效益。

2)焊接结构由于采用焊接连接,理论上其连接厚度是没有限制的(与铆接相比),为制造大厚度巨型结构创造了条件。采用焊接能使结构有很好的气密性,是贮罐、压力容器、船壳等结构必备的性能。

3)焊接结构多用轧钢制造,其过载能力、承受冲击载荷能力较强(和铸造结构相比)。对于复杂的连接,用焊接接头来实现要比铆接简单得多,高水平的焊接结构设计人员可以灵活地进行结构设计,并有多种满足使用要求的方式可供选择,简单的对接焊和角焊就能构成各种复杂的焊接结构。

4)焊接结构可根据结构各部位在工作时的环境、所承受的载荷大小和特征,采用不同的材料焊接制成,在满足结构的使用性能要求的同时降低制造成本。

5)节省制造工时,同时节约了设备及工作场地的占用时间,也可以获得节约资金的效果。

4.2.2　焊接结构的分类

焊接结构难以用单一的方法将其分类。有时按照制造结构板件的厚度分为薄板、中厚板、厚板结构;有时又按照最终产品分为飞机结构、油罐车、船体结构、客车车体等;按采用的材料,可分为钢结构、铝合金结构、钛合金结构等。按结构工作的特征,结构的分类及其各自的特点简述如下。

(1)梁、柱和桁架结构

分别工作在横向弯曲载荷和纵向弯曲或压力下的结构可称为梁和柱。由多种杆件被节点连成承担梁或柱的载荷,而各杆件都是主要工作在拉伸或压缩载荷下的结构称为桁架。作为梁的桁架结构杆件分为上下弦杆、腹杆(又分竖杆和斜杆),载荷作用在节点上,从而使各杆件形成只受拉(或压)的二力杆。

(2)壳体结构

充分发挥焊接结构水、气密特点,应用最广、用钢量最大的结构。大多用钢板成型加工后拼焊而成,要求焊缝致密。一些承受内压或外压的结构一旦焊缝失效，将造成重大损失。

（3）运输装备的结构

它们大多承受动载，有很高的强度、刚度、安全性要求，并希望重量最小，如汽车结构（轿车车体、载货车的驾驶室等）、铁路敞车、客车车体和船体结构等。

（4）复合结构及焊接机器零件

这些结构或零件是机器的一部分，要满足工作机器的各项要求，如工作载荷常是冲击或交变载荷，还常要求耐磨、耐蚀、耐高温等。为满足这些要求，或满足零件不同部位的不同要求，如前面焊接结构优点所述，这类结构往往采用多种材料与工艺制成的毛坯再焊接而成，有的就构成所谓的复合结构，常见的有铸压焊结构、铸焊结构和锻焊结构等。复合结构的焊接可以在毛坯加工后完成。

4.3　火箭发动机焊接结构分类

火箭发动机中的焊接结构，由于其使用工况恶劣，工作中交变载荷幅度大，振动大，环境复杂，温度梯度大（从 3500℃ 左右到零下 200℃ 左右不等）等，给发动机结构的焊接带来很大困难，操作过程中必须精心控制才能达到相应技术要求。因此，依设计指导思想和原则，焊接接头应优先选用标准规定的典型形式，即标准角度的对接、角接、搭接、T 型接头等。其中，就某些受力状态复杂和使用工况恶劣的结构来讲，应优先选用标准接头形式的对接接头，之后依次为角接、T 型接头、搭接等。

4.3.1　典型对接接头结构

（1）管状标准（180°）直线 I 字对接结构

在火箭发动机焊接结构中，由于其结构紧凑，状态复杂，受结构焊接时热输入及局部导热状态的影响，操作时有其特殊性。因此可按其操作控制状态分为小直径对接状态（一般为焊接管嘴居多）和一般直径对接状态、平板对接状态、角对接状态、锁底对接状态及特殊对接状态等。

小直径对接接头(接管嘴)一般是指直径(外径)在 $\Phi20mm$ 以下的管或接管嘴对接接头形式,又分为薄件和厚件两种焊接接头结构形式。

薄件焊接接头结构一般是指 $\delta \leqslant 1mm$ 以下的焊接接头结构产品,这种厚度的产品在焊接时,接头对接部位(待焊处)可不做任何工艺形式的改变接头形状的加工处理,对齐后可直接进行焊接加工操作。其中,有些熔融性较好的材料,如不锈钢,材料厚度可适当放宽到 $\delta \leqslant 1.5mm$,可按薄件接头结构加工方式处理。

厚件结构一般是指 $\delta \geqslant 1mm$ 的焊接接头结构,这种厚度的结构产品,在焊接开始前应进行对接部位接头形状的加工处理或工艺技术处理,如开坡口、拉开对接间隙等。

产品结构直径超过 20mm 的对接结构,由于其受热输入累积效应的影响较少,故可以按一般对接状态进行工艺处理,即材料厚度在 1.5mm 以下的焊接接头,对接部位可不进行任何形式的接头形状改变,对齐定位后直接进行焊接。材料厚度超过 1.5mm 的焊接接头,可按需要进行一定方式的接头形状改变后进行焊接,其目的是充分保障对接接头的焊接质量。

(2)平板对接接头结构

火箭发动机产品在其零件生产阶段和部件组装阶段都存在着大量的平板对接结构。就其接头结构来讲,大部分为 I 型或 V 型对接结构。其中,材料厚度小于 1.5mm 的焊接接头结构一般选用 I 型接头结构,超过这一厚度可选用 V 型接头结构。接头开敞性允许的大厚度零件的焊接接头,可选用 X 型接头结构进行双面焊接。

(3)角对接接头结构

火箭发动机产品由于其结构的复杂性和特殊性能需求,很多角焊缝也按对接方式来处理,即单面焊双面成型的角对接方式。这其中又分为内外坡口或自然坡口对接方式。内坡口对接方式是由于结构和性能要求,在结构内角(内表面存在角焊缝或阴角)部位采用角对接方式。采用单边开坡口方式,角度在 45°~55°之间。外坡口对接方式是在结构外表面(或阳角)部位采用的角对接方式。根据需求可采用单边开坡口,角度为 45°~55°,或双边开坡口方式,角度为

$60° \sim 65°$。自然坡口方式是利用零件的自然角度，角对接配合后自然形成的角对接焊接接头方式。

4.3.2　非典型对接接头结构

（1）非标准对接结构

为了满足火箭发动机结构的特殊需求，发动机产品对接接头中，存在着很多非标准对接结构。小于 $180°$ 的管对接结构：即由于结构工程上的需要采用的按实际走向而形成的特定角度的管对接结构。如 $135°$ 左右的管对接结构，$60°$ 左右的管对接结构等。圆弧（板）管对接结构：即由于结构需求形成的圆弧对直线，圆弧对圆弧组成的焊接接头结构。空间曲线对接结构：由于火箭发动机应用时工况恶劣，振动较大，所以往往一些关键的空间连接部位也采用拉凸成型对接方式，如骑座式拉凸对接接头工艺结构等。

（2）锁底对接结构

火箭发动机产品由于某些结构和性能要求，有时对焊接结构相关位置度和焊缝的焊漏有较严格的限制。所以在实际结构中较多地采用锁底对接结构。

4.3.3　复合形式焊接接头结构

火箭发动机产品焊接结构最大的特点是需随发动机结构变化而变化。由于受空间结构变化、发动机工作需求和应用需求等原因限制，在考虑发动机产品满足使用状态需求的同时，还要保证其结构状态分布的合理性。因此一些焊接结构采用了复合形式焊接接头结构。

（1）角接、搭接组合复合接头结构

这一类结构一般存在于发动机管管相贯结构中。由于其相贯线和接头部位的成型处理，形成角接渐进的搭接结构，来满足发动机对于使用性能的结构需求。

（2）角接、端接组合复合接头结构

这一类结构一般存在于发动机小型紧凑结构部件的组装焊接接头中，用于满足发动机产品的特殊需求。

4.3.4　特殊焊接接头结构

为了满足火箭发动机使用性能特殊需求而采用的特殊焊接结构。一般应用于厚薄差较大，要求焊接接头部位热输入差别较大的焊接结构。例如超薄（$\delta = 0.08 \sim 0.12mm$）对超厚（$\delta = 10 \sim 20mm$），小直径超薄毛细管（$\Phi2 \times 0.3$）对接厚板结构等，可利用局部减缓槽或减缓凸台结构，实现焊接接头部位的有效连接，从而保证其使用性能要求。

4.3.5　焊接可达性差结构

（1）焊炬可达性差结构

现代先进的火箭发动机设计结构，由于其减重和空间的需要，越来越朝着小体积大推力方向发展。特点之一就是结构紧凑，效能比高，在满足发动机各种性能需求的前提下，尽量利用发动机部组件的有限空间进行功能结构设置，这就不可避免地带来了局部焊接结构空间极度狭小的问题，再加上焊接工装遮挡，一般情况下，焊炬（焊枪）都很难达到的施焊部位，需要改变焊炬（焊枪）形状，钨极伸出长度和采用特殊操作技法才能满足对施焊部位的焊接操作要求。

（2）操作可达性差结构

这是指在操作过程中，由于结构的限制，障碍较多，难于进行施焊操作的结构。原因之一就是依结构设计主导思想，要充分利用发动机部组件的有限空间，进行一系列部组件有效布局和连接。而各部组件的紧密排列顺序布局连接和夹持工装等原因，必然带来在施焊过程中的相互遮挡和阻碍。又由于手工氩弧焊一般为双手操作，焊炬的运行与送丝的操作相互配合，需要一定的有效空间来满足施焊过程的操作需要，与发动机结构设计指导思想相冲突。依设计结构效能最大化原则，如能在工艺提升过程中，通过攻关和创新操作，能够满足设计结构使用要求的，应以设计结构为准，这就不可少地产生了由于结构相互制约和限制，使操作可达性差，需创新操作技法才能满足施焊过程的有效性，保证焊接接头质量。

（3）视觉可达性差结构

在焊接操作过程中，施焊点、操作源（电弧与送丝）与视觉必须在一条直线来维持有效直视的可观效果,才能保证产品焊接接头金属熔融过程控制,进而保证焊缝质量。而在具体的火箭发动机产品装配组合焊接过程中,由于发动机结构本身复杂多变,部组件高低错落,再加上防止变形和零件组装限位所用的焊接夹持工装的遮挡或是有些窄小结构焊接时操作人员手臂、焊炬(焊枪)或焊丝所形成的遮挡,造成了施焊点不能直视观察的结果,必须通过复合操作技巧弥补视线可观范围不足的弱点,才能保证焊接熔融控制过程的稳定,确保发动机产品接头质量。

(4)电弧(热量)可达性差结构

火箭发动机结构为了满足小体积大推力的设计初衷,其产品结构设计紧凑,在充分满足应用需求的前提下,接头形式多样,而为了达到可靠的使用目的,所采用的焊接工艺方式,又是依现场施焊原则决定,只要能够满足结构承载需求的焊接工艺方式均可采用,这就带来了各种接头结构形式在不同焊接工艺方式的电弧作用下,如何实现可靠性连接的研究和讨论。在这里所说的电弧可达性差结构,一是指结构方面的,如一定厚度的角焊缝、小坡口焊缝、材料导热性较高的焊缝等,由于结构导热的不均衡性,导致电弧热源作用的有效性及焊缝有效连接的理想形态受到影响。其表现是焊缝宽、熔深浅,与焊缝理想系数相差甚远。二是指一定的焊接工艺方式,电弧自身的特性,使电弧热源作用的有效性发生变化。如焊接电源输出波形及交变、逆变频率的变化,使电弧的压缩特性发生改变,进而使电弧热能的集中性产生变化。另外就是焊接工艺方式固有的电弧热能量的局限性,如熔化极焊接(包括手工电弧焊,MIG/MAG 焊接等)。最后就是机械的或物理的影响电弧热能发生变化的焊接工艺方式,如富氩焊接、等离子焊接等。

4.3.6　非对称焊接结构

(1)偏置结构

火箭发动机结构,由于其使用特性和设计应用性的需求,存在着大量的偏置焊接结构,即上下偏置,左右偏置和内外偏置等结构接头组件的焊接。其特点是在某一特定方向上的焊接接头较多,其他方向上无焊接接头或焊接接头很少,造成产品在某一方向上的焊接热输入较大，应力叠加和变形较大，给发动机部组件的形位公差和加工精度控制带来困难和巨大影响，这类结构极大地考验焊接工艺与操作的工程实践控制能力和优化协调能力，是工艺操作保障结构设计性能的核心技术支撑。

（2）非对称导热结构

火箭发动机由于依靠高温火焰燃烧时的热膨胀产生推力，自诞生之初就需要具备材料或镀层耐高、低温，导热和在高、低温环境下材料结构强度不损失或损失较小的特性。因此，火箭发动机设计结构是按照各部分材料使用特性的需求，进行不同材料结构之间的设计和组合而生产的。由于材料的选择不同，使用需求不同，其导热性也不相同，尤其是近代先进高效能的发动机设计结构，其内壁大量使用具有超强导热性的铬铜、锆铜、银锆铜等材料。外壁为导热性和耐高、低温强度都很好的镍基合金等材料，在与其他结构件组装焊接时，出现发动机主体结构的导热性大大优于连接于发动机主体结构上其他结构的导热性的情况，这种导热性相差很大的结构之间的组装焊接，所带来的同一接头熔融过程两侧结构间急剧变化的操作难题，要靠非对称的特殊工艺操作来保障特殊关键结构件的焊接接头质量。

（3）不等壁厚结构

火箭发动机结构由于其应用工况恶劣，使用需求变化梯度大，各部组件使用功能转换快，产品设计冗余的系数低，所需要的发动机产品结构转化也要与之相适应。这就带来相应结构需求的变化，而产生较大承受载荷能力的变化，应运而生的就是火箭发动机各部分部组件厚薄不等的结构变化，具体可追溯为结构承载能力或应用环境高、低温的变化，或是使用工况高、低压的变化，所产生的结构厚度差的巨大变化，如超薄部组件与超厚部组件的焊接等，这种壁厚差值很大的焊接接头，给正常的焊接工艺实施带来困难，因此也需要进行认真的研究，制定相应的对策。

4.3.7　材料焊接性差结构

（1）焊接接头易裂结构

火箭发动机产品，由于各种实际应用工况复杂，交变载荷幅度大，因此在其结构设计中，会针对不同的使用工况要求，选用不同的对应材料。其中有很多高强度钢或时效状态下的高温合金，其碳当量处于 35% ~45% 之间，甚至更高。包括一些不同材料之间的对接焊，由于两种不同材料之间的混合比例不同产生的混合组织结构，可焊性较差。材料焊接后，有些结构焊接接头或材料过渡层中为马氏体组织占主体，有些结构的焊接接头中含有大量的魏氏体组织等脆性组织或低熔点共晶相组织，形成可焊性较差的、极易出现焊接接头各种裂纹的产品结构。

（2）焊接接头易氧化结构

随着火箭发动机产品性能的提高和拓展，以及发动机使用工况和自身减重的需求，现代火箭发动机设计结构较多地采用了可在高低温环境下强度损失较小的镍基合金和轻质高强金属，如铝合金、钛合金以及导热性极好的铜合金等。这几种材料的离子键都很活泼，和氧的亲和力较强，极易产生焊接接头氧化，造成机械性能下降等质量问题。因此，控制易氧化焊接接头的焊接工艺就成为获得优良焊接接头性能的必要保障，在实际生产中必须严格控制施焊环境，才能避免因焊接接头被氧化或污染造成的接头综合机械性能下降，保证焊接接头的使用要求和质量。

（3）焊接接头熔融金属不易控制结构

现代火箭发动机所使用的材料，应用要求特殊，性能要求广泛，既要具有耐高低温特点，又要耐蚀、耐腐、耐氧化，且长期不蜕变。一是所选择材料本身的熔融特性不易控制，二是还需要添加或改变金属的合金元素含量来保证其应用特性，然而随之带来了各种材料的物理和化学特性也发生了较大的变化。一些金属流动性较好，焊缝稀释程度及润湿效果好，焊缝成型难于控制。如无氧铜、铬铜，GH4169 等（相对于不锈钢），而另一些金属流动性较差，黏稠程度高，润湿差，焊缝成型同样难于控制，如锆铜，GH1131 等（相对于不锈钢），上述金属材料的熔融现象都给焊接接头的质量过程控制带来困难，需摸索出对应加工工艺措施，才能充分保证焊缝质量和发动机产品结构质量。

(4)焊接接头烧蚀或过度氧化结构

现代先进的液体火箭发动机燃料一般都选用无毒、无污染、无腐蚀的清洁推进剂，如液氢液氧、液氧煤油等，发动机可多次试车，必要时可重复使用，如美国的航天飞机发动机等。经过多次热试车或实际应用工况考核后，很容易使结构材料产生表面烧蚀或过度氧化而出现渗漏，这类情况对焊接结构后续的维护、缺陷排补过程中的再次熔融过程产生较大影响，由于烧蚀组织的作用或结构表面过度氧化使金属表面熔融相当困难，其表现是材料不易熔合、焊缝表面成型困难等，给产品接头的焊接过程和焊缝质量带来很大的影响。

(5)焊接接头易变形结构

在火箭发动机焊接接头中，特别是复杂的、难操作的、加工精度要求高的手工焊接接头中，影响焊接接头质量的另一重要因素，就是焊接变形，因为焊接变形致使零部组件形位尺寸超差，影响产品使用，甚至造成产品报废的情况也屡有发生。因此，在零件产品接头的焊接中，不但要考虑产品结构状态应力分布趋向，还要从材料物理、机械特性方面去考量其性能状态，如材料的强度、硬度、塑性、线膨胀系数、收缩比等，这些都需要通过对产品接头的实践生产过程逐步摸索和掌握，才能理清思路，完成从理论到实践的转化和提升，优化焊接变形工艺控制流程，达到成熟工艺控制效果。对于发动机焊接结构，一般来说，材料厚度大于 1.5mm 且强度、硬度高，线膨胀系数、收缩比小的产品接头变形小，反之变形趋势较大，需着重考虑利用各类焊接工装进行刚性约束。

(6)焊接接头易产生气孔结构

火箭发动机结构由于其紧凑空间和应用特性的需求，除了结构复杂的特点之外，还存在着很多异形接头形式(超出常规的接头形式)和多种金属材料的分部段、分结构、分特性的混合应用。在焊接过程中另一个经常出现的影响产品质量的缺陷，就是焊缝气孔。气孔排补后虽然可以保证焊缝质量，但对产品结构的性能还是有一定的不良影响。超过标准规定的排补次数，还可能造成产品的报废。因此如何针对产品结构的接头形式和材料特性进行预先控制规划与设计，也是需要认真研究的课题。一般来说，窄小坡口，Ⅰ形坡口或超出焊接保护区域的焊缝坡口形式以及处于散状保护状态的焊缝如外角焊缝，出现焊缝气孔的几率较大，反之，处于标准坡口范围内，如单边坡口为30°~35°之间，以及处于内角焊缝有利于集中保护的焊接接头形式则出现焊缝气孔的几率较小。从材料学方面分析，与氧亲和力较强的金属材料，疏松材料金属，含气量、含碳量较高的金属合金出现焊缝气孔的几率较大，需要严格工艺控制流程，才能保证产品结构焊接处于优良的技术性能状态。

4.3.8　异种金属焊接结构

（1）焊缝金属能形成合金的焊接结构

异种金属的焊接，是指两种或两种以上的不同金属（指其化学成分、金相组织及性能等不同），在一定工艺条件下，进行焊接加工的过程。而在火箭发动机产品结构中，由于使用要求、工况、环境的不同，所带来的产品结构和材料也随之改变，因此，从火箭发动机产品诞生以来，就存在着两种及以上不同金属之间焊接组装的异种金属焊接接头结构。根据焊缝形成和化学成分及金相组织状态，在熔化焊时可分为异种金属熔融结晶后能形成焊缝金属合金的焊缝和不能形成金属合金的焊缝。此类焊缝化学成分复杂，焊缝结晶后的性能是由焊缝中存在的两种及以上材料的熔合比和过渡层中化学成分及金相组织的变化来决定的，大多数黑色金属类合金与镍基合金之间的异种金属焊接，其焊缝金属是可以形成合金的。

（2）焊缝金属不能形成合金的焊接结构

现代先进的发动机设计结构，由于其应用工况恶劣且更加复杂，主要表现在结构承压比和燃压比都大幅度提高，需要引入导热性更好，承压程度更高，质地更轻的金属合金材料来满足产品的结构需求，如铜合金，钛合金等。这类材料与黑色金属合金类及镍基合金类进行熔化焊时，由于在物理和化学特性方面差异较大，两种金属在焊缝中产生金属间化合物。对于目前应用比较多的铜合金与各类合金钢的熔化焊接，由二元相图可以看出，二者在液相中能无限固溶；二者在固态时，虽只能有限固溶，但并不会形成脆性金属间化合物，而是形成"$\chi+\varepsilon$"的双相组织。这些都是各类合金钢与铜或铜合金焊接的有利因素。

但是铜与各类合金钢的熔点、导热系数、热膨胀系数等参数又存在较大的不同，易在焊接接头产生应力集中，导致形成焊接裂纹，这对获得优质焊接接头是不利的，使焊接具有较大困难。

4.3.9　其他特殊结构

（1）工艺加工致可焊性变差结构

火箭发动机产品，由于各零部组件应用工况的特殊需求，其相应的工艺加工方式内容广泛，涉及冷加工、热加工、表面处理加工等，一些加工方式不可避免地会对各部件结构组织和性能产生一定的影响。如钣金加工中的冷作硬化，热加工中的晶粒长大、氢致脆化、层间氧化等，都会对施焊结构的焊接性产生较大影响。这类结构需在后续的工艺加工中做出相应的处理，才能降低由于上述原因带来的对焊接接头有效连接的综合性能的影响，使之达到结构设计载荷的应用需求。

（2）结构设计与装配致可焊性变差结构

由于现代火箭发动机结构设计与应用的多样性和多用途，过程中需承受各种恶劣工况的作用，所以其设计结构也会随之发生复杂变化，典型特征之一就是火箭发动机的多型腔、多用途、多功能、多种材料的混合结构加工，仅靠机械加工或其他铸造等手段是难以完成的，必然要使用焊接连接，才能满足整体结构需求，而焊接接头的设置与位置选择在结构中是要经过科学分析和冗余优化设计的。然而有些结构因无法回避结构特性和工艺加工适应性的矛盾，故而设计人员只能在先保证设计结构的完整性、实用性的前提下，依靠特殊的工艺和操作来满足实际结构的使用需求。因此，由于结构设计和装配带来的影响焊接的因素是不可避免的，如局部结构装配应力过大，复杂结构导致的导热性差异的变化，多种材料混合焊接导致的熔合性变化等，使产品结构出现缺陷的几率大幅度增加，从而使产品可焊性变差。

（3）使用（服役）环境致焊接性变差结构

火箭发动机产品，在整个应用过程中，经历着多种多样的复杂工况与环境变换，交变载荷，高低温，侵蚀，金属改性等材料组织异化现象，包括可能产生的晶粒长大、晶间腐蚀、晶相开裂。金属表面受侵蚀后形成富氧化合物等，使材料间金属键连接弱化，造成在后续使用维护过程中，施焊条件恶劣，不易达到结构技术性能要求状态的现象，统称之为使用环境致可焊性变差结构。其次，在产品使用过程中或多个循环应用工况的联合作用下，由于使用环境导致其材料组织异化现象，都可对产品焊接接头质量产生重大影响，需要从工艺角度严加防范和控制。

（4）超长密排焊缝结构

现代火箭发动机结构，为了在提高性能增加发动机可靠性的同时，降低发动机自身重量，采用多种组合加工成型工艺方式，其中包括气体保护钎焊、真空钎焊、真空正压扩散焊、电子束焊接成型、激光焊接成型和 TIG 焊接成型技术，而近年来氢氧发动机所采用的螺旋管束式发动机喷管延伸段 TIG 焊接，由于其结构轻、工艺加工性好和加工成本低、效率高的特点，被广泛应用于国内外各型推力发动机喷管的制造工艺中。由于发动机喷管采用 TIG 焊接，焊缝与焊缝之间间隔仅为 2～3mm，根据型号不同，排列长度在千米级上下不等。这种超长密排焊缝结构的焊接特点是，单位面积内热输入较大，应力大、变形大，必须从焊接基础、焊接材料和加工工艺角度去控制，才能达到较理想的焊接效果。

（5）空间桁架焊接结构

火箭发动机重要的焊接部件之一是机架。机架是连接发动机与箭体进行燃料与动力传输的空间桁架承力结构，选用高强度钢材料，其结构为强度高、质量轻的薄壁管与方框及叉型架组合焊接结构。焊接时在以下三方面存在难度：由于结构特性的需求，薄壁桁架圆管与方框及叉型架连接部位结构紧凑，焊接可达性差，易产生应力集中；高强钢材料（30CrMnSiA）的焊接性较差，焊接缺欠与缺陷难于控制；桁架为杆系与框架相结合，结构复杂，空间位置度不易掌控，因此需要使用大型工装夹具，进行约束限制，方可保证产品的焊后尺寸满足设计图纸要求。为了提高机架产品的应用效能，满足设计技术指标要求，需采用综合工艺加工控制措施，以利于改善该桁架结构的焊接性和焊接工艺的适用性。

第5章 火箭发动机典型金属材料及焊接特性

5.1 火箭发动机典型金属材料焊接特性

设计人员在选择焊接结构和材料时，主要考虑材料强度、使用温度和环境条件等工况。材料应用于低温工况时，其强度性能增强，塑性降低，因此对低温结构还需考虑材料的低温脆性，要求材料和焊接后的焊缝满足设计的低温韧性；而对于应用于高温工况的材料则需要其满足耐热强度、耐蚀等高温工况要求。不同材料之间的特性不同，造成材料的焊接差异也较为明显。

火箭发动机是导弹和运载火箭的动力源，主要用于导弹、运载火箭和各种航天器的推进系统，其工况依据结构件的功能而各不相同，既有温度低至液氢沸点的超低温工况，也有温度高至 3000K 以上的超高温工况。为满足火箭发动机各结构件的工况和性能需求，设计人员需依据使用特点选用不同材料。常见的典型材料有不锈钢、高温合金、CT20 等金属材料。由于材料特性的不同，对焊接要求各不相同。

5.1.1 1Cr18Ni9Ti 不锈钢

不锈钢能抵抗大气环境下的腐蚀，可分为很多种，通常按组织状态可分为马氏体、铁素体、奥氏体、奥氏体 - 铁素体以及沉淀硬化型不锈钢。1Cr18Ni9Ti 是奥氏体型不锈钢。它是含钛的 18 - 8 型奥氏体不锈钢，淬火不能强化，但有良好的抗腐蚀性；由于含钛，使碳化物稳定，防止从固溶体中沿晶界析出，使材料具有抗晶间腐蚀能力和较高的耐蚀性；淬火可用空淬，不必水淬，淬火状态下有高的塑性，可进行拉伸及其他类型冷冲压；冷加工后组织不稳定，需经适当热处理；焊接性良好，适用于各种焊接方法，可用于制造焊接后不能淬火的结构件；切削加工性较差；在 800~900℃ 以下的空气中具有稳定的抗氧化性；在 900℃ 以下连续工作时性能稳定，在频繁交变条件下断续工作时 800℃ 以下性能稳定。

由于焊接性能比较好,焊接过程不需要预热,具有优良的力学性能,1Cr18Ni9Ti 不锈钢在火箭发动机中主要以结构件的形式应用于燃烧室、燃气发生器头部、涡轮泵以及燃料输送导管等部组件中。1Cr18Ni9Ti 的化学成分和机械性能数据见表 5 – 1、表 5 – 2。

表 5 – 1　1Cr18Ni9Ti 的化学成分(%)

成分	C	Cr	Ni	Si	Ti	S	P	Mn	Fe
含量	≤0.12	17.00 ~ 19.00	8.00 ~ 11.00	≤1.00	5(C% – 0.02) ~ 0.80	≤0.030	≤0.035	≤2.00	余量

表 5 – 2　1Cr18Ni9Ti 的机械性能

牌号	热处理/℃	拉伸试验				硬度试验		
		$\sigma_{0.2}$ /MPa	σ_b /MPa	δ_5 /%	ψ /%	HB	HRB	HV
		不小于				不大于		
1Cr18Ni9Ti	固溶 920 ~ 1150 快冷	205	520	40	50	187	90	200

5.1.2　高温合金

(1)GH3600

GH3600 是 Inconel 系列中最早研制出来的 Ni – Cr – Fe 固溶强化型镍基合金,它具有良好的抗氧化性能,具有优良的冷热加工性能及高低温机械性能,在 650℃ 以下有较高的强度。合金可以通过冷加工得到强化,成型性能良好,易于焊接。在淡水和流动海水中具有较好的抗蚀性,对各种废气、碱性溶液和大多数有机酸及其化合物的腐蚀抗力很高。合金不易产生氯离子应力腐蚀裂纹,但是在高浓度苛性碱、高温水银条件下,易产生应力腐蚀裂纹。抗氧化温度可达到 1150℃。GH3600 在航天发动机上主要用于制造喷管延伸段产品。GH3600 的化学成分和机械性能数据见表 5 – 3、表 5 – 4。

表 5 – 3　GH3600 的化学成分(%)

成分	C	Cr	Ni	Si	Ti	S	Fe	Nb	Cu	Al	P	Mn
含量	≤ 0.10	14 ~ 17	余量	≤ 0.50	≤ 0.50	≤ 0.015	6.0 ~ 10.0	≤ 10.0	≤ 0.5	≤ 0.35	≤ 0.02	≤ 1.0

表 5 - 4　　GH3600 的机械性能

牌号	试验温度/℃	瞬时拉伸性能			
		$\sigma_{0.2}$ /MPa	σ_b /MPa	δ_5 /%	ψ /%
		不小于			
GH3600	室温	≥550	≥240	≥35	≥40
	900	≥95	≥85	≥65	≥50

（2）GH1131

GH1131 是一种以钨、钼、铌、氮等元素复合固溶强化的高性能铁基高温合金，含镍量约为 28%。其热强性与 GH3044 合金相当，具有良好的热加工塑性和焊接性，冷成型工艺性能良好。可采用点焊、缝焊和氩弧焊等方法，并可获得满意的接头使用温度。GH1131能在 900℃以下长期工作，1000℃以下短期工作。GH1131 用于制作在 700~1000℃短时工作的火箭发动机部件，如燃气发生器身部。与同类用途的镍基合金相比，其高温抗氧化性的组织稳定性较差，在700~900℃长期使用后室温塑性下降，成型性能变差。GH1131 的化学成分和机械性能数据见表 5 - 5、表 5 - 6。

表 5 - 5　　GH1131 的化学成分（%）

成分	C	Cr	Ni	Si	S	B	Fe	Mo	Nb	W	N	P	Mn
含量	≤ 0.10	19.0 ~ 22.0	25.0 ~ 30.0	≤ 0.80	≤ 0.02	≤ 0.005	余量	2.80 ~ 3.50	0.70 ~ 1.30	4.80 ~ 6.00	0.15 ~ 0.30	≤ 0.02	≤ 1.20

表 5 - 6　　GH1131 的机械性能

牌号	热处理/℃	试验温度/℃	拉伸试验			
			$\sigma_{0.2}$ /MPa	σ_b /MPa	δ_5 /%	ψ /%
			不小于			
GH1131	固溶 1160 ± 10，空冷	室温	345	735	32	40
		900	—	186	40	45
		1000	—	110	50	50

（3）GH4169

GH4169 合金是以体心四方体 Ni_3NB（γ''）和面心立方体 Ni_3ALTi（γ'）沉淀强化的一种镍基高温合金。在 650℃ 下具有屈服强度高，塑性好的特点，在 1000℃ 时具有较高的抗氧化性，另外有良好的焊接性能、成型性能和耐腐蚀性及耐辐照性能。合金在 −253～700℃ 广泛的温度范围内组织性能稳定，成为深冷和高温环境中用途极广的高温合金之一。

GH4169 氩弧焊时熔池流动性偏低，易产生未焊透缺陷；焊缝金属组织不均匀，结晶时低熔点共晶物（Ni−S 熔点为 645℃、Ni−P 熔点为 880℃）易在晶间聚集，其液态膜在收缩应力作用下易产生结晶裂纹，因此具有一定的焊接难度，适合于电弧焊、等离子焊等。在焊接前，材料表面要洁净、无油污等，焊缝周围 25mm 范围内要打磨露出光亮的金属。目前 GH14169 用于制造火箭发动机耐热耐高压部件。GH4169 的化学成分和机械性能数据见表 5−7、表 5−8。

表 5−7　GH4169 的化学成分（%）

成分	C	Cr	Ni	Si	Ti	S	P	Fe	Mo	Nb	Cu	Al	Co	Mn
含量	≤ 0.08	17～ 21	5～ 55	≤ 0.35	0.65～ 1.15	≤ 0.015	≤ 0.015	余量	2.8～ 3.3	4.75～ 5.5	≤ 0.3	0.2～ 0.8	≤ 1.0	≤ 0.35

表 5−8　GH4169 的机械性能

牌号	圆棒直径 /mm	试验温度/℃	瞬时拉伸性能				持久性能		硬度 HB
			$\sigma_{0.2}$ /MPa	σ_b /MPa	δ_5 /%	ψ /%	690MPa		
							寿命	伸长率	
			不小于						
GH4169	16～115	室温	1275	1035	12	15	—		331
		650	1000	860	12	15	25	4	
		−196	1470	—	12	20			

（4）GH3030

GH3030 固溶强化型高温合金是早期发展的 80Ni−20Cr 固溶强化型高温合金，化学成分简单，在 800℃ 以下具有良好的热强性和较高的塑性，并具有良好的抗氧化、热疲劳、冷冲压和焊接工艺性能，合金经固溶处理后为单相奥氏体，使用过程中组织稳定，具有较好的热加工及冷加工性能。

GH3030 合金在航天发动机上主要用于 800℃ 以下工作的涡轮发动机燃烧室部件和在 1100℃ 以下要求抗氧化但承受载荷很小的其他高温部件。GH3030 的化学成分和机械性能数据见表 5 - 9、表 5 - 10。

表 5 - 9　GH3030 的化学成分(%)

成分	C	Cr	Ni	Si	S	P	Fe	Ti	Mn	Al
含量	≤0.12	19.0~22.0	余量	≤0.8	≤0.02	≤0.03	≤1.5	0.15~0.35	≤0.70	≤0.15

表 5 - 10　GH3030 的机械性能(%)

牌号	试验温度/℃	拉伸性能			持久性能	
		σ_b/MPa	$\sigma_{0.2}$/MPa	δ_5/%	σ/MPa	t/h
		不小于				
GH3030	室温	686	–	30		
	700	294	–	30		
	700	266	–	72	103	100

5.1.3　钛合金

钛合金与钢相比，具有许多独特性能，轻质、高强以及优良的高低温性能，能在超低温(-253℃)和高温(500℃)环境下服役，具有优异的耐腐蚀性。钛合金按组织可分为 α 合金、β 合金和(α+β)双相合金。其中 α 合金不能热处理强化，工艺性能良好，具有很好的塑性和焊接性；(α+β)合金可进行淬火和时效热处理后强化，退火后工艺性能优良。由于钛合金的高活性，焊接过程中极易受到空气污染，且加热过程中晶粒长大明显，冷却过程中可能形成脆性相，相对于钢而言，其焊接差异主要有：1) 钛熔点高达 1600℃ 左右，焊接热输入要高于钢；2) 钛化学性活泼，易与空气中的氧、氮、氢反应，急剧降低韧性；3) 钛的传热系数为钢的一半，焊接过程中热影响区极易发生过热，性能恶化明显。鉴于钛合金的特性，钛合金焊接时一般不会产生热裂纹和晶间裂纹问题，但存在气孔问题，尤其是 (α + β) 合金，增加多层焊道量或线能量都能使气孔量增加；焊接时尽量减少焊缝金属在高温停留时间，加快冷却速度，并加强焊缝冷却过程中的保护，防止焊接时空气中氢、氧、氮的吸附；焊接完成后可根据焊缝表面颜色判定焊缝的质量。

(1) TC4

合金名义成分为 Ti − 6Al − 4V，具有优异的综合力学性能，已经广泛用于制造飞机结构中的梁、框、起落架，航空发动机风扇、压气机盘、机匣、叶片，航天飞行器的压力容器、舱体、紧固件、结构件等，同时也大量用于其他各行业中，目前占钛合金产量的一半以上。该合金具有良好的工艺塑性和超塑性，合金 (α + β)/β 转变温度 980 ~ 1010℃，长期工作温度可达 400℃，一般在退火或固溶时效状态下使用，室温抗拉强度 ≥895MPa。在我国，该合金目前广泛用于制造飞机主要承力结构件和航空发动机风扇盘、压气机盘、叶片以及航天飞行器的压力容器、结构件等。

钛合金中的间隙杂质虽然能提高合金强度，但是这种杂质同时还会严重降低合金的塑性和断裂韧性，而且会加快疲劳裂纹扩展速率，并使其他一些重要性能如热稳定性、蠕变抗力、缺口敏感性等变坏。近年来国内外为了适应飞机结构设计所需的损伤—容限要求，研制生产出了高纯度的 Ti − 6Al − 4V (ELI) 合金，其 O 含量小于 0.13%，C 含量小于 0.08%，适宜于低温环境或断裂韧性要求较高时使用。TC4 的化学成分数据见表 5 − 11。

表 5 − 11　TC4 的化学成分 (%)

成分	Al	V	Fe	C	O	N	H	Ti
含量	5.5 ~ 6.8	3.5 ~ 4.5	0.30	0.10	0.18	0.05	0.015	余量

（2）TA7

合金名义成分为 Ti - 5Al - 2.5Sn，由苏联在 1957 年研制成功，主要用于 500℃ 以下工作的航空发动机机匣等零件。我国于 1965 年仿制，命名为 TA7，用于制造涡喷 13 发动机前机匣壳体，封严圈壳体、环件和模锻件转接座等。

TA7 在我国的多种型号航空发动机环形零件及航天飞行器低温压力容器制造中得到广泛应用。该合金 β 稳定元素含量为零，中性元素 Sn ≈ 2.5%，主要靠 Al 固溶强化 α 相，（α + β）/β 转变温度 1040℃ ~ 1090℃，不能热处理强化，通常在退火状态下使用，在室温和高温下具有良好的断裂韧性，焊接性能良好，但工艺塑性较差。长期工作温度可达 500℃，短时工作温度可达 800℃，室温抗拉强度 ≥785MPa。TA7 的化学成分数据见表 5 - 12。

表 5 - 12　TA7 的化学成分（%）

成分	Al	Sn	Fe	C	O	N	H	Ti
含量	4.0 ~ 6.0	2.0 ~ 3.0	0.30	0.10	0.20	0.05	0.015	余量

（3）TA15

合金名义成分 Ti - 6.5Al - 2Zr - 1Mo - 1V，由苏联在 20 世纪 60 年代初研制成功。我国 90 年代从俄罗斯引进了 Su - 27 飞机生产线，为了满足 Su - 27 飞机的国产化需求，国内相关单位随即开展了 BT20 钛合金的国产化定做，仿制后命名为 TA15 钛合金，该合金制造的结构件占 Su - 27 飞机整机结构的 15% 以上。该合金兼有 α 型合金及（α + β）/β 两相钛合金的优点，具有中等的室温和高温强度、良好的热稳定性、焊接性能，工艺塑性良好。该合金长时间（3000 小时）工作温度可达 500℃，450℃ 工作时寿命可达 6000 小时。合金（α + β）/β 转变温度 1020℃ ±30℃，退火状态下室温抗拉强度 ≥930 MPa。目前主要用于制造飞机、航空发动机以及新一代战术导弹、飞航导弹的主要承力结构件，尤其是焊接件。TA15 的化学成分数据见表 5 - 13。

表 5 - 13　TA15 的化学成分(%)

成分	Al	Zr	Mo	V	Ti
含量	5.5 ~ 7.0	1.5 ~ 2.5	0.50 ~ 2.0	0.10	余量

(4)CT20

CT20 钛合金是西北有色金属研究院、北京航空材料研究院等单位联合研制的具有我国自主知识产权的第一个高强高韧损伤容限钛合金，合金名义成分 Ti - 6Al - 2Mo - 1.5Cr - 2Zr - 2Sn - 2Nb。该合金目前用于制造飞机重要结构件。目前使用状态下 $\sigma_b \geqslant 1100\text{MPa}$，$\kappa_{\text{IC}} \geqslant 70\text{MPa} \cdot \text{m}^{1/2}$。该合金已经在我国第三代先进飞机上获得了工程化应用。

5.1.4　其他

(1)30CrMnSiA

30CrMnSiA 是一种中碳调质钢，其含碳量较高，同时又加入了多种合金元素，在淬火、回火后具有很高的强度和足够的韧性。这种钢既可以低温回火后使用，亦可以高温回火后使用。如果要求具有较高的冲击值，应该在 550℃ 以上回火。对于小于 $\Phi25\text{mm}$ 的零件，最好采用 350℃ 等温淬火方法热处理，可获得下贝氏体组织，使强度和韧性得到最好的配合并减小变形量。

按照国际焊接学会推荐的碳当量公式计算，该钢的碳当量高达0.73%，具有较高的淬硬倾向，焊接接头极易出现硬脆的马氏体组织，增大了焊接接头的冷裂倾向。又因该钢向马氏体转变的起始温度较低，在低温形成的高碳粗大针片状马氏体一般难以产生像低碳马氏体产生的"自回火"效应，导致接头严重脆化，其冷裂倾向更大。30CrMnSiA 在调质状态焊接，其热影响区被加热到超过调质处理的回火温度时将出现强度、硬度低于母材的软化区，严重降低接头性能。该材料主要用于制造火箭发动机机架等桁架结构。30CrMnSiA 的化学成分和机械性能数据见表 5 - 14、表 5 - 15。

表 5 - 14　30CrMnSiA 的化学成分(%)

成分	C	Cr	Ni	Si	S	P	Fe	Cu	Mn
含量	0.28 ~ 0.34	0.80 ~ 1.10	≤ 0.030	0.90 ~ 1.20	≤ 0.025	≤ 0.025	余量	≤ 0.025	0.80 ~ 1.10

表 5 - 15　30CrMnSiA 的机械性能

牌号	圆棒直径/mm	试验温度/℃	瞬时拉伸性能				冲击功/J	冲击韧性值	硬度 HB
			σ_b/MPa	σ_s/MPa	δ_5/%	ψ/%			
			不小于						
30CrMnSiA	25	室温	1080	835	10	45	39	49	229

（2）纯镍

物理化学性能：纯镍在常温时的晶体结构为面心立方晶格，其熔点及电阻率均低于碳素钢。化学活性低，氧化初期生成的氧化膜能防止镍进一步氧化和腐蚀，高温时有良好的抗蚀性。镍与其他元素形成合金后，力学性能和抗腐蚀、抗氧化性能显著改善，但热导率和电阻率显著下降。

焊接性：纯镍为单相奥氏体组织，焊接性能与奥氏体不锈钢相比有许多相似之处。熔池金属易于形成方向性强的单相奥氏体柱状晶，促使杂质偏析，纯镍材质中含有的硫、磷等元素与镍作用，在晶界形成低熔点共晶，线膨胀系数较大，易形成较大的焊接应力，从而随之产生焊接热裂纹；纯镍固液相温度区间小，流动性差，液态时溶解 H_2、O_2、CO_2 等气体，在焊接快速冷却凝固过程中极易形成气孔；另外纯镍的电阻率大、热导率低，焊接过程中易过热，导致焊缝晶粒迅速长大，晶粒一旦粗化后，很难用热处理的方法来改善，严重影响焊接接头的机械性能和耐蚀性。目前纯镍在航天发动机中主要用于制作燃烧室身部外壁。

焊接工艺特点：

1）焊接时，坡口、焊道和焊丝上的油脂、氧化物、油漆等异物将导致热裂纹和焊缝气孔的产生。因此焊接前必须对焊丝、坡口和焊道进行彻底清理。

2）镍的液体金属流动性较差，焊接工艺不适合时很容易发生未熔合现象，焊接坡口设计必须与碳钢有所区别，坡口应选用大角度、小钝边的形式。

3）为了减少接头过热，防止热裂纹的产生，尽可能降低焊接线能量，采用小焊道多层焊焊接工艺。

4）选择既能保证焊缝具有满意的使用性能，同时又具有高的抗裂性的焊接材料。

纯镍的化学成分和机械性能数据见表 5 – 16。

表 5 – 16　纯镍的化学成分（%）及机械性能

成分	Ni	Mn	Fe	C	S	P	σ_b/MPa	$\sigma_{0.2}$/MPa	δ_5/%
含量	≥99.5	0.2	0.2	0.08	≤0.01	≤0.03	≥380	≥140	≥30

（3）DT4E

DT4E 是含碳量小于 0.02% 的铁合金，又称纯铁和熟铁。

熟铁由铁矿石用碳直接还原，或由生铁经过熔化并将杂质氧化而得到的产物；前者冶炼温度较低，采用比较早，后者温度虽然较高，但生铁去碳后由于熔点增高而变稠；两者都不易使渣和铁完全分离，所以熟铁中常含有少量的渣，在加工后显示纤维组织。

工业纯铁是一种重要的钢铁基础材料，主要用于冶炼各种高温合金、耐热合金、精密合金等合金或钢材，同时也用于电磁继电器、电子锁、仪表等的制造。

常见的工业纯铁有两种规格：一种是作为深冲材料的，可以冲压成极复杂的形状；另一种是作为电磁材料的，有高的感磁性和低的抗磁性，广泛用于电子电工、电器元件、磁性材料、非晶体制品、继电器、传感器、汽车制动器、纺机、电表电磁阀等产品。DT4E 的化学成分数据见表 5 – 17。

表 5 - 17　　DT4E 的化学成分(%)(Q/BQB482—2009)

成分	C	Si	Mn	P	S	Al	Fe
含量	≤0.01	≤0.03	≤0.40	≤0.10	≤0.03	≤0.05	余量

5.2　火箭发动机典型异种金属材料的焊接特性

由于火箭发动机结构复杂,对材料的性能要求各不相同,从而导致火箭发动机在生产过程中存在大量异种材料的焊接。然而异种材料焊接过程中存在以下差异性,导致其焊接的难度急剧上升。

(1)材料线膨胀系数差异

对于不同的金属而言,其线膨胀系数伴随金属的类别变化而变化。当两种待焊接金属的线膨胀系数差异较小时,对焊接过程中应力贡献较小,然而当两种待焊接金属的线膨胀系数差异较大时,焊接完成后焊接接头中将呈现较复杂的内应力,内应力达到一定程度后,将会导致焊缝出现明显焊接裂纹。即使该类焊接接头焊接过程未产生裂纹,其性能也将会急剧地下降,尤其是受到拉压应力或热应力疲劳时,性能恶化更为明显。例如,火箭发动机中的铜合金与不锈钢线膨胀系数存在差异,焊接过程中易形成内应力,接头结构设计不当时,在热应力作用下极易产生裂纹。

(2)热导率的差异

待焊接金属的热导率首先影响焊接过程中的热输入,热导率越好,焊接过程中需要的热输入越大,而热导率越差,焊接过程中需要的热输入越小。不同金属材料由于热导率的不同,要想形成同样的熔池,其热输入会有所差异。而当热导率差异较大的两种金属采用手工氩弧焊接时,为防止热导率大的一侧金属形成的熔池不好,导致金属熔化不足或未熔透现象,需将焊接过程中的热源偏向热导率大的金属一侧,改善两种热导率差异较大金属材料的熔化效果,保证焊缝的质量。火箭发动机中的电铸镍与高温合金的焊接即为热导率差异较大的待焊接金属,焊接过程中需操作者合理控制热输入,从而达到焊缝的设计质量要求。

(3)熔点差异

异种金属焊接时,大部分金属材料的熔点均存在差异,但是当熔点差异达到一定程度后,会严重影响焊接过程中的熔化量平衡,其不平衡的极限可达到一种金属完全不熔化。同时熔点差异较大时,熔点较高的金属发生过分的收缩,从而对熔点较低的金属产生拉应力,严重时可能产生裂纹或剥离,无法焊接。为实现熔点差异较大的金属材料焊接,需在两种金属间形成过渡金属层或过渡金属焊接接头,逐步降低焊接时两侧金属的熔点差,形成较好的熔化量平衡。

(4)形成脆性相

异种金属焊接时,由于待焊接材料的化学成分多样复杂,极易在焊缝处形成非金属化合物或脆性相,将极大地降低焊接接头的力学性能,甚至部分金属焊接完成后即产生裂纹。铁/铝和钢/钛属于焊接过程中极易产生脆性相的焊接接头,一般焊接完成后,在焊接接头易形成贯穿性裂纹,无法实现两者的连接。

因此,针对火箭发动机的焊接,需要通过大量的工艺研究,形成稳定可靠的异种金属材料焊接工艺,保证异种材料的焊接焊缝质量,避免焊接过程中产生以上四类焊接问题。

第6章 火箭发动机典型结构
手工焊接操作技法

　　某型号氢氧发动机制造中涉及的手工焊缝繁多，以典型部组件Ⅰ级焊缝为原则，进行手工操作技法总结，其中包括角焊缝、对接焊缝，接头形式涉及对接接头、搭接接头、端接接头、角接接头及复合接头等，具体焊缝信息见表6-1。

表6-1　某型号发动机手工焊缝信息表

手工焊缝代号	焊接部位	材料	条数
1~2	进气导管/盖板	1Cr18Ni9Ti/1Cr18Ni9Ti	2
3~4	喷嘴环/盖板	1Cr18Ni9Ti/1Cr18Ni9Ti	2
5	进气法兰/进气导管	1Cr18Ni9Ti/1Cr18Ni9Ti	1
6~7	启动法兰/进气导管	1Cr18Ni9Ti/1Cr18Ni9Ti	2
8	测压接管嘴/进气导管	1Cr18Ni9Ti/1Cr18Ni9Ti	1
9	测温接管嘴/进气导管	1Cr18Ni9Ti/1Cr18Ni9Ti	1
10	吹除管嘴/进口五通	1Cr18Ni9Ti/1Cr18Ni9Ti	1
11	焊接接管嘴/盖板	1Cr18Ni9Ti/1Cr18Ni9Ti	1
12	焊接接管嘴/进口五通	1Cr18Ni9Ti/1Cr18Ni9Ti	1
13	头部/氢进口管嘴	1Cr18Ni9Ti/1Cr18Ni9Ti	1
14~15	集合器/集合器	1Cr18Ni9Ti/1Cr18Ni9Ti	2
16	氢进口法兰/集合器	1Cr18Ni9Ti/1Cr18Ni9Ti	1
17	冷排管嘴/集合器	1Cr18Ni9Ti/1Cr18Ni9Ti	1
18	二孔座/火药喷管	1Cr18Ni9Ti/1Cr18Ni9Ti	1
19	第三底/火药喷管	1Cr18Ni9Ti/1Cr18Ni9Ti	1
20	第三底/氧进口法兰	1Cr18Ni9Ti/1Cr18Ni9Ti	1

（续表）

手工焊缝代号	焊接部位	材料	条数
21	第三底/环	1Cr18Ni9Ti/1Cr18Ni9Ti	1
22	第三底/吹除三通	1Cr18Ni9Ti/1Cr18Ni9Ti	1
23	第三底/测振支座	1Cr18Ni9Ti/1Cr18Ni9Ti	1
24 ~ 25	第三底/测压接管嘴	1Cr18Ni9Ti/1Cr18Ni9Ti	2
26	第三底/测压接管嘴	1Cr18Ni9Ti/1Cr18Ni9Ti	1
27	头部/身部	1Cr18Ni9Ti/电铸镍	1
28	焊接接管嘴/搭接环	1Cr18Ni9Ti/1Cr18Ni9Ti	1
29	伺服能源接嘴/搭接环	1Cr18Ni9Ti/1Cr18Ni9Ti	1
30	测温接管嘴/搭接环	1Cr18Ni9Ti/1Cr18Ni9Ti	1
31 ~ 36	头部/上支座	1Cr18Ni9Ti/1Cr18Ni9Ti	6
37　°	搭接环/搭接环	1Cr18Ni9Ti/1Cr18Ni9Ti	1

6.1　泵

依据表 6 - 1 中 37 条手工焊缝代号，进行焊接操作技法的详细解析。

6.1.1　目标焊缝 1 ~ 4#

（1）接头结构分析

如图 6 - 1 所示，氢涡轮盖进气导管/盖板及喷嘴环/盖板焊缝承受高温高压燃气等恶劣工况作用。焊接可达性较好，但结构形式较为复杂，喷嘴环与盖板之间为角接焊缝（T 形接头），进气导管与盖板之间为对接焊缝（外角接接头），且存在 3 条焊缝交汇点（盖板/喷嘴环、盖板/进气导管、进气导管/喷嘴环），焊接质量的一致性保证难度大。

(a) 1~4#焊缝位置

(b) 1~2#焊缝形貌

(c) 3~4#焊缝形貌

图 6-1　1~4#目标焊缝的位置及形貌

（2）接头间隙控制

盖板及导管待焊接部位为机加工成型，本身配合精度较高。因此，盖板与进气导管和喷嘴环贴严即可，间隙应不超过 0.5mm，整体装配符合图纸要求。

（3）焊枪角度控制

封底焊时，焊枪横向对称，纵向倾角以 85°为宜，尽量使焊枪处于垂直状态，以增加熔深。盖面焊时注意及时调整焊条角度即可。

（4）焊接参数限定

为保证熔深，可先采取不加丝熔融封底焊操作，在电弧作用下控制对接焊缝根部和角焊缝顶角部位焊透问题，焊接参数见表 6-2。

表 6-2　焊接参数表

焊接类别	焊材牌号	焊材直径/mm	焊接电流/A	气体流量/（L/min）
封底焊	H00Cr21Ni10	1.0 或 1.2	100~150	8~10
盖面焊		2.5	100~120	/

（5）熔池状态观察

封底焊保证对接焊缝根部和角焊缝顶角部位充分熔融，必要时，电弧可有一定的滞留时间。电弧明弧作用下应观察到封底层焊缝的熔融状态，以防止层间未熔合。

（6）操作技法

封底采用上坡焊，前后拖动运调方式，以增加焊缝的熔深，操作中注意及时通过变位机调整产品待焊姿态，以保证焊接熔融过程始终处于向上爬坡姿态，有利于增加熔深和保证焊接质量。盖面焊时，起收弧点应重点关注并控制好，避免未熔合或未填满。

（7）特殊提示

注意结构变化，圆弧段为锁底角对接焊缝，直线段为角接焊缝，三条焊缝交汇处在焊接时一定要充分熔融，以避免在此处发生泄漏。

6.1.2　目标焊缝5~7#

（1）接头结构分析

氢涡轮盖承受高温高压燃气等恶劣工况，其进气法兰/进气导管及启动法兰/进气导管的焊缝非常关键，如图6-2所示。该结构

(a) 5~7#焊缝位置

(b) 5#焊缝形貌

(c) 6~7#焊缝形貌

图6-2　5~7#焊缝的位置及形貌

为插接结构，焊缝为带锁底的对接焊缝，可达性差，存在变角度，操作位置变化多，接头结构形式变化快，变形控制要求严等特点。

（2）接头间隙控制

控制焊接坡口和间隙，焊接坡口控制在 70° ± 30′，焊接间隙 0.5 ~ 1.5mm。

（3）焊枪角度控制

横向对称，纵向焊枪倾角 70° ~ 85°。考虑零件干涉的影响，允许横向倾斜 20°左右。

（4）焊接参数限定

为保证充分熔透，先进行封底焊操作，根据要求在明弧操作下，控制钝边熔融和熔深，焊接参数见表 6 - 3。为避免焊缝因局部装配间隙过大产生较大焊漏渣化，影响燃料的流阻，焊接过程中在内腔通氩气保护，以进一步控制焊缝背面成型。

表 6 - 3　焊接参数表

焊接类别	焊材牌号	焊材直径/mm	焊接电流/A	气体流量/（L/min）	
				焊接	背保护
封底焊	H00Cr21Ni10	1.2	120 ~ 160	8 ~ 10	4 ~ 6
盖面焊	E0 - 19 - 10 - 16	2.5	100 ~ 120	—	

（5）熔池状态观察

封底焊保证锁底阴角部位和钝边充分熔融，如图 6 - 3 所示。盖面焊时，需能观察到封底层的充分熔融，避免层间未熔合。

（6）操作手法要求

为防止工装卸掉后焊接接头产生的弹性变形影响产品形位尺寸，焊接接头应采用分 4 段对称焊，并始终在工装装夹的情况下施焊，待焊缝充分冷却后再拆卸工装，保证产品尺寸。

（7）特殊提示

封底焊，注意焊漏控制；盖面焊，注意控制咬边等焊接缺陷。

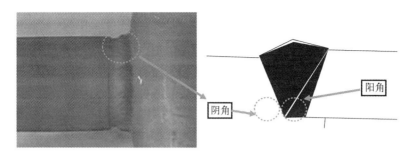

图 6 - 3　法兰与进气导管焊缝锁底结构

6.1.3　目标焊缝 8 ~ 9#

（1）接头结构分析

如图 6 - 4 所示，测压接管嘴、测温接管嘴与进气导管连接，工作状态依然承受高温和高压作用，结构为插接结构，焊缝属于角焊缝，可达性差，管嘴曲率小，操作位置变化快，质量要求高，需满足Ⅰ级焊接接头质量要求，属于难操作接头。

(a) 8~9#焊缝位置

(b) 8#焊缝形貌

(c) 9#焊缝形貌

图 6 - 4　8 ~ 9#焊缝的位置及形貌

（2）接头间隙控制

此焊接接头由于管嘴曲率小，质量要求高，又存在管嘴与进气导管小范围的相贯装配连接，如图6-5所示，在连接部位存在两处贴实、两处空隙的情况。实际操作中应保证空隙部位间隙均匀一致，其他部位贴实即可。

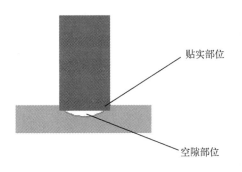

图6-5　接管嘴与进气导管装配截面示意图

（3）焊枪角度控制

横向对称，纵向焊枪倾角70°左右。

（4）焊接参数限定

因为是角焊缝结构，为了保证焊缝熔深和顶角焊透，先进行不加丝封底焊操作，为避免产生焊漏，应控制好焊接熔融过程，做到均匀一致，盖面时，注意焊缝底部充分熔融，避免产生层间未熔合，焊接参数见表6-4。

表6-4　焊接参数表

焊接方法	焊材牌号	焊材直径/mm	焊接电流/A	气体流量/（L/min）
氩弧焊	H00Cr21Ni10	1.6	100~120	8~10

（5）熔池状态观察

压低电弧，保证角焊缝顶角部位充分熔融，且不产生"搭桥"现象。

（6）操作手法要求

此焊缝虽然没有严格的形位尺寸要求，但也要注意适当控制变形，应在相贯装配贴实部位起收弧（即为两段焊的接合点），分两层施焊，因该部位焊接可达性较差，注意控制焊枪角度，以免产生咬边。

（7）特殊提示

因两个管嘴零件较小，易产生热量集中，因此在焊接中，注意控制层间焊缝的冷却时间和每段焊缝起收弧的冷却时间，且盖面焊接电流在规范范围内适当小于封底焊接电流规范数值，以利于控制焊缝质量和外观成型。

6.2　发生器

6.2.1　目标焊缝 10 ~ 12#

（1）接头结构分析

如图 6 - 6 所示，发生器头部上的三个管嘴功能不同，但结构均为插接结构，都承受低温高压作用，焊缝形式均为角焊缝，焊缝曲率大，操作位置变化快，焊接质量要求高，且集中在发生器头部的关键结构上（易受焊接热输入影响）。

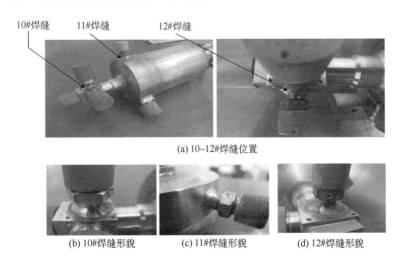

(a) 10~12#焊缝位置

(b) 10#焊缝形貌　　　(c) 11#焊缝形貌　　　(d) 12#焊缝形貌

图 6 - 6　10 ~ 12#焊缝的位置及形貌

（2）接头间隙控制

此三个焊接接管嘴都是角接结构，除焊接管嘴/盖板存在稍许相贯间隙外，其他两接头装配时贴实即可，相贯接头要注意调整两侧的间隙，保证均匀。

（3）焊枪角度控制

由于这三个管嘴的开敞性较好，因此可采用标准角度控制，即横向对称，纵向倾角 70°~85°。

（4）焊接参数限定

此三个管嘴为角焊缝，如前所述，为保证焊缝熔深和结构顶角结合部位焊透，先进行不加丝封底焊操作，因管嘴直径小，曲率大，焊接过程中焊枪调整变化快，注意操作中随时调控焊枪角度，保证焊接质量，焊接参数见表 6-5。

表 6-5　焊接参数表

焊缝序号	焊接方法	焊材牌号	焊材直径 /mm	焊接电流 /A	气体流量 /(L/min)
10	氩弧焊	H00Cr21Ni10	1.2	100~140	8~10
11	氩弧焊	H00Cr21Ni10	1.2	100~140	8~10
12	氩弧焊	H00Cr21Ni10	1.6	100~120	8~10

（5）熔池状态观察

因头部结构复杂，实际使用时工况恶劣，焊接时应压低电弧，确保角顶焊透，第二层盖面焊时在避免层间未熔合情况下，保持熔池饱满。

（6）操作手法要求

在焊接操作时采用分两层焊接（封底和盖面），应在相贯装配的贴实部位进行起收弧操作，避免管嘴出现位置度偏差。

（7）特殊提示

因头部结构复杂，对焊接热输入和变形比较敏感，易影响头部液流数据，所以焊接需控制层间温度和冷却。通常封底焊完成且充分冷却后，再焊第二道焊缝，应严格保护管嘴螺纹和密封面不被碰伤和电弧打伤，焊接时采用钢堵帽进行管嘴螺纹保护。

6.2.2　目标焊缝 13#

（1）接头结构分析

如图 6-7 所示，此管嘴为内圆外方结构，三面角接焊缝（T 形接头），一面角对接焊缝（端接接头），承受低温高压作用，由于是方形结构，存在四个拐角接点，所以操作时应严格控制拐点搭接处的焊接接头质量。

(a)13#焊缝位置

(b)13#焊缝形貌(俯视)

(b)13#焊缝形貌(侧视)

图 6-7　13#焊缝的位置及形貌

（2）接头间隙控制

此管嘴由于对位置度、同轴度要求较高，焊接定位时，需在工装上进行相应操作，其中有一个面为端接结构，需进行 2mm 左右的开坡口处理。而且此管嘴装配焊接时要跨过一道头部盖板焊缝，所以需把盖板焊缝处打磨成与基材面齐平，才能保证氢进口管嘴贴实，如图 6-7 所示。定位时，采用对称定位点固定，并进行校正，以进一步保证管嘴位置度要求。

（3）焊枪角度控制

由于此管嘴焊接开敞性和可达性较好，可采用标准角度控制，即横向对称，纵向倾角 70° ~ 85°。

（4）焊接参数限定

因该管嘴结构特殊，为内圆外方，结构三面为角焊缝，一面为端接焊缝，为保证合理熔深，按照封底和盖面两层焊接操作方法进行焊接，焊接参数见表 6 - 6。

表 6 - 6   焊接参数表

焊接方法	焊材牌号	焊材直径/mm	焊接电流/A	气体流量/(L/min)
氩弧焊	H00Cr21Ni10	1. 6	100 ~ 120	8 ~ 10

（5）熔池状态观察

由于此管嘴结构较特殊，所以除采用角焊缝、对接焊缝熔池状态的观察外，还需特别注意四个拐角处熔池状态的观察，保证拐角接缝处充分熔融。

（6）操作手法要求

此管嘴焊缝有严格的位置度要求，需在工装定心销上定位后，进行施焊，因此定位时应点接牢固（定位四点），分二层焊接（打底和盖面）。

（7）特殊提示

此管嘴为方形结构，焊接应严格控制拐角焊接处的搭接量，一般应掌握在 3 ~ 5mm 的搭接量，端接焊缝应相对平整，不宜过高。

6.3   推力室

6.3.1   目标焊缝 14 ~ 15#

（1）接头结构分析

集合器是承担整个推力室身部冷却和燃烧产生推力的关键零件。如图 6 - 8 所示，该焊接接头为管管对接结构，存在变角度、变位置、尺寸要求严、1 级焊接接头、X 光透照等特点。焊接过程要求严格，该焊接接头属于操作过程困难且难于控制的焊接接头。

(a)14#焊缝位置及形貌　　　　　　(b)15#焊缝位置及形貌

图 6 - 8　14 ~ 15#焊缝的位置及形貌

（2）接头间隙控制

此焊接接头为标准对接结构，可按规范工序顺序要求操作，为防止变形，应保证对接间隙均匀一致，按规范执行。

（3）焊枪角度控制

因该结构开敞度好，可采用标准操作工艺，即横向对称，纵向焊枪倾角 70° ~ 85°。

（4）焊接参数限定

为保证合理熔深和良好的背面焊缝成型，应在结构内腔进行通气保护，在氩弧焊明弧作用下，熔深、焊缝背面高度应控制在标准范围内。

（5）熔池状态观察

保证焊缝根部充分熔融的情况下，熔池有稍许下沉即可。

（6）操作手法要求

为保证零件尺寸，在焊接可视性、可达性允许的情况下，该结构应始终保证夹持在工装上进行施焊，采用以最小或最大内外径（即结构 9 点或 3 点位置）处起弧，爬坡向管中线施焊方式对称施焊，以减少变形，待零件充分冷却后才可卸掉工装。

（7）特殊提示

焊缝接头引弧处应搭接 5mm 以上进行施焊操作，收弧时也应搭接施焊 8mm 以后方可进行焊接电流衰减操作。

6.3.2　目标焊缝 16#

（1）接头结构分析

氢进口法兰/集合器焊接接头为整个推力室身部冷却和燃烧产生推力的关键连接装置。如图 6-9 所示，该焊接接头属于管管相贯焊缝，存在变角度，变厚度，操作位置变化多，接头结构形式变化快，变形要求严的特点。除需满足 I 级接头内外部质量要求，其法兰变形角度应控制在 55° ± 20′ 以内，该焊接接头属于操作过程复杂且难于控制的焊接接头。

(a)16#焊缝位置

(b)16#焊缝形貌(俯视)

(c)16#焊缝形貌(侧视)

图 6-9　16#焊缝的位置及形貌

（2）接头间隙控制

此焊接接头因存在较大的结构和操作梯度变化，因此应严格控制焊接接头装配间隙，法兰与集合器装配间隙≤0.5mm。

（3）焊枪角度控制

横向对称，纵向焊枪倾角70°~85°。

（4）焊接参数限定

焊接操作控制方法：为保证合理的熔深，又避免焊缝背面产生焊漏等缺陷，先进行不加丝焊缝封底操作，根据要求在氩弧焊明弧操作下，控制钝边熔融和熔深，焊接参数见表6-7。为避免焊缝因局部装配间隙过大产生较大焊漏渣化，影响燃料的流阻，在焊接接头内进行内腔氩气保护，以进一步控制焊接质量，焊接参数见表6-7。

表6-7　焊接参数表

焊缝部位	焊丝牌号	焊丝直径/mm	焊接电流/A	气体流量/(L/min)
氢进口法兰/集合器	H00Cr21Ni10	1.6	110~130	8~12

（5）熔池状态观察

保证角顶部位充分熔融。

（6）操作手法要求

为防止工装卸掉后焊接接头产生的弹性变形，使该焊接接头的位置度超差，还需进行严格的焊接顺序控制，先焊接左右两侧各四分之一焊缝，再焊上边的四分之一焊缝，如图6-10所示。而最下边四分之一焊缝焊接可达性较差，待该接头焊接冷却后，卸掉工装，打开工装的遮挡后再进行施焊。

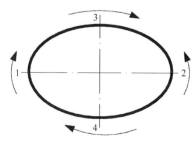

图6-10　焊缝施焊顺序

（7）特殊提示

注意接头结构变化，1、2 段为角接焊缝，3、4 段为搭接焊缝，拐角处应及时调整焊接参数（搭接处电流小于角接处电流）。

6.3.3　目标焊缝 17#

（1）接头结构分析

与发动机上其他结构相近，具有共同特点，工作状态需要承受低温高压，如图 6－11 所示。由于是在发动机推力室上主要混合燃烧部位，存在较大振动，所以要求焊缝除具有满足其他管嘴类焊缝的要求外，还需提高此结构接管嘴的抗疲劳能力。

17#焊缝

图 6－11　17#焊缝的位置及形貌

（2）接头间隙控制

要求满足相贯部位空隙处的间隙对称均匀。

（3）焊枪角度控制

因焊接开敞性较好，采用标准焊枪角度控制即可，即横向对称，纵向焊枪角度为 70°～85°。

（4）焊接参数限定

该结构具有管管相贯焊缝特征，为保证结构顶角焊透，先进行不加丝封底焊操作，控制好熔融过程的平稳性，保证焊缝熔深的均匀一致。盖面时，除避免产生未熔合外，还需保证角焊缝形状为内凹圆滑过渡（盖面焊缝），以增加焊缝的抗疲劳系数，焊接参数见表 6－8。

表6-8 焊接参数表

焊缝部位	焊丝牌号	焊丝直径/mm	焊接电流/A	气体流量/(L/min)
冷排管嘴/集合器	H00Cr21Ni10	1.6	100 ~ 130	8 ~ 12

（5）熔池状态观察

压低电弧保证焊缝顶角部位充分熔融，盖面焊时要注意熔池两边熔合线区域熔融金属的浸润和平滑过渡。

（6）操作手法要求

该焊缝对焊缝外观成型有一定要求（抗疲劳），所以对操作手法有一定要求，分两层施焊，盖面时应小幅度上下拖动，并通过填加丝控制来保证焊缝外观成型为内凹型。

（7）特殊提示

此焊接接头对焊缝外观成型有特殊要求，盖面时应采用小电流操作方可保证，大电流操作很难保证良好的外观成型。

6.3.4 目标焊缝18#

（1）接头结构分析

如图6-12所示，此结构为锁底对接焊接接头，因二孔座上要安装点火器，为关键承力焊缝，与承力锥之间存在配合关系，对该结构要求保证协调位置（用引出返回线保证其位置）。

图6-12 18#焊缝的位置及形貌

（2）接头间隙控制

此焊接接头是关键焊缝，对装配质量控制要求严，设计为锁底对接焊缝，排补会影响结构中心点协调位置控制，需保证一次合格，目前采取预留合理的锁底间隙。

（3）焊枪角度控制

此焊缝焊接时，开敞性较好，但焊接接头结构平面较小，适宜熔深大、焊缝窄的焊缝形状，因此应采用上爬坡焊接方式，焊枪倾角以85°左右为宜。

（4）焊接参数限定

该锁底焊缝为插接顶实预留间隙焊缝，通常间隙可保证一致，分两层焊接，封底一层，盖面一层，封底时紧盯两个角顶部位的充分熔融，盖面时焊接参数应略小于封底参数，焊缝背面不用充气保护，焊接参数见表6-9。

表6-9　焊接参数表

焊缝部位	焊丝牌号	焊丝直径/mm	焊接电流/A	气体流量/（L/min）
二孔座/火药喷管	H00Cr21Ni10	1.6	110~125	8~12

（5）熔池状态观察

保证角顶部位充分熔融、熔池熔融金属有向后流动的感觉。

（6）操作手法要求

该焊缝因对零件位置度要求较高且无工装保证，为防止焊接变形，应严格控制焊接顺序，封底和盖面均采用周向四分之一对称焊接。

（7）特殊提示

焊接时，注意第一起焊位置应在二孔座的螺纹孔处起弧焊接，以进一步保证二孔座与承力锥的相关位置度。

6.3.5　目标焊缝19#

（1）接头结构分析

如图6-13所示，该焊缝为头部关键焊接，工作时工况恶劣，对焊接质量要求高。同时该焊缝为头部结构上最后一道施焊焊缝，焊接可视性与可达性均较差，且焊接变形影响头部喷嘴间隙，属于操作过程复杂且难于控制的焊接接头。焊接时应严格控制焊接热输入，以减小变形。

图 6 – 13   19#焊缝的位置及形貌

（2）接头间隙控制

此焊接接头因其结构位置特点对头部产品质量影响较大，应严格控制其焊接间隙，采用预留反变形措施来控制焊接变形。

（3）焊枪角度控制

选用小直径焊枪喷嘴，随产品位置空间进行操作，一般应保持在 85°~95°之间。

（4）焊接参数限定

该结构为锁底焊缝，在一定焊接间隙的保证下，控制电弧热量确保接头钝边部位充分熔融。采用封底和盖面二层施焊，第一层不加丝封底焊接，焊接参数见表 6 – 10。

表 6 – 10   焊接参数表

焊缝部位	焊丝牌号	焊丝直径/mm	焊接电流/A	气体流量/（L/min）
第三底/火药喷管	H00Cr21Ni10	1.6	110~125	8~12

（5）熔池状态观察

在接头间隙和电弧热量联合作用下，保证焊接接头钝边和锁底阴角部位的充分熔融。

（6）操作手法要求

为防止焊接变形过大影响头部喷嘴间隙，保证焊接接头质量，采用分层对称施焊控制热输入，第一层采用不加丝封底焊方式。

（7）特殊提示

该焊接接头对焊接变形控制要求较高，分层焊接时，第一层封底焊完成后，应充分冷却至室温，再进行第二层焊接。为保证可达性，采用改装焊枪进行施焊，保证焊接可达性。

6.3.6 目标焊缝 20#

（1）接头结构分析

该焊缝为推力室头部关键焊缝，是推力室产生催化燃烧的关键连接装置，如图 6 - 14 所示。该焊缝对变形控制要求高，需在焊接工装上进行施焊，可达性较差，其法兰角度应控制在 30°以内，属于难操作接头。

(a) 20#焊缝位置

(b) 20#焊缝形貌(主视)

(c) 20#焊缝形貌(俯视)

图 6 - 14　20#焊缝的位置及形貌

（2）接头间隙控制

此焊接接头因对形位尺寸要求较严，因此必须严格控制焊接接头装配间隙和焊接变形，按规范要求进行操作。

（3）焊枪角度控制

在焊接位置允许情况下，横向对称，焊枪纵向倾角为70°~85°。

（4）焊接参数限定

该焊接接头为角接结构，先进行不加丝封底焊接操作，在明弧控制下，确保零件焊接接头部位的顶角充分熔融，保证Ⅰ级焊接接头要求，焊接参数见表6-11。

表6-11 焊接参数表

焊缝部位	焊丝牌号	焊丝直径/mm	焊接电流/A	气体流量/（L/min）
第三底/氧进口法兰	H00Cr21Ni10	1.6	95~120	8~12

（5）熔池状态观察

保证顶角部位充分熔融。

（6）操作手法要求

为防止焊接接头产生焊接变形，影响形位公差，不仅全程在焊接工装上进行施焊，还需控制焊接顺序，以保证该接头形位尺寸满足设计要求。

（7）特殊提示

焊接完成后，此法兰有一测量工装，应根据以往经验，判定其变形趋势，选择起焊位置。

6.3.7 目标焊缝21#

（1）接头结构分析

如图6-15所示，该结构为推力室头部最主要承力焊接接头，为角对接结构，具有接头长度最长、形状特殊、质量要求高等特点，属Ⅰ级焊接接头，属于操作过程难于控制的焊接接头。

（2）接头间隙控制

此焊接接头有角对接结构特点，又兼有锁底对接结构形式，接头形状较特殊，需控制接头间隙和坡口。

(a) 21#焊缝位置

(b) 21#焊缝形貌（一侧）　　　　　　(c) 21#焊缝形貌（另一侧）

图 6 – 15　21#焊缝的位置及形貌

（3）焊枪角度控制

为获得深而窄的熔深，横向对称，尽量使焊枪处于垂直状态。

（4）焊接参数限定

该焊接接头结构较为特殊，需选用适当参数规范的中下限，以防止焊接热输入过大，产生较大变形，影响头部喷嘴间隙，分两层焊接，采用加丝封底焊（间隙较大）和盖面施焊，焊接参数见表 6 – 12。

表 6 – 12　焊接参数表

焊缝部位	焊丝牌号	焊丝直径/mm	焊接电流/A	气体流量/（L/min）
第三底/环	H00Cr21Ni10	1.6	90～120	8～12

（5）熔池状态观察

保证焊缝根部充分熔融。

（6）操作手法要求

为防止一底面板的平面度和头部喷嘴间隙超差，全过程必须在焊接预夹紧工装上进行施焊，焊接顺序如图 6 - 16 所示。

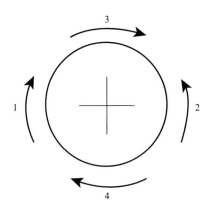

图 6 - 16　21#焊缝施焊顺序示意图

起焊位置由承力锥高度值差确定，分成四分之一对称焊接，第一层焊接完成后，待充分冷却后再进行第二层对称施焊。

（7）特殊提示

在焊接接头充分熔融的前提下尽量提高焊接速度，减小热输入，每一层施焊时，都需测量承力锥处与三底/环对应的差值，确定起焊位置。

6.3.8　目标焊缝 22#

（1）接头结构分析

如图 6 - 17 所示，此焊接接头为推力室头部重要焊接接头，与头部二孔座侧平面成90°角，与头部轴线方向平行，与头部三底成一定角度焊接，操作位置狭窄，为 I 级焊缝，属于操作过程复杂且难于控制的焊接接头。

（2）接头间隙控制

该接头与头部三底接触面较小，按图纸规范要求，保证相关位置度即可，间隙不作严格规定。

图 6 - 17　22#焊缝的位置及形貌

(3)焊枪角度控制

该接头焊接可达性较差,以能保证焊接质量为准,焊枪角度不作特别要求。

(4)焊接参数限定

为保证合理熔深,进行不加丝封底焊和加丝盖面焊操作,以控制接头顶角充分熔融,焊接参数见表 6 - 13。

表 6 - 13　焊接参数表

焊缝部位	焊丝牌号	焊丝直径/mm	焊接电流/A	气体流量/(L/min)
第三底/吹除三通	H00Cr21Ni10	1.6	100 ~ 120	8 ~ 12

(5)熔池状态观察

保证顶角充分熔融,保证盖面层间充分熔融,特别是在管嘴与头部三底之间的夹角呈小角度焊接时不能产生层间未熔合。

(6)操作手法要求

分两层顺序施焊,先从焊接可达性最差的上拐点处(即接头可达性极限点处)起焊,因是斜切接头(管嘴与头部三底成一定角度),需依据熔融变化随时调整焊接速度和焊枪角度,以获得良好的焊缝成型。

（7）特殊提示

焊接可达性较差，要注意管嘴螺纹处不要发生电弧打伤（用铝合金堵盖进行保护），注意管嘴与头部三底之间的角度变化，必要时做出调整。

6.3.9　目标焊缝 23#

（1）接头结构分析

如图 6 - 18 所示，该接头为推力室头部连接测振传感器的专门设计的支座，有装配位置要求，靠划线保证其空间位置即可。

(a) 23#焊缝位置　　　　　　　(b) 23#焊缝形貌

图 6 - 18　23#焊缝的位置及形貌

（2）接头间隙控制

该零件与三底之间存在平面与弧面相切的装配间隙，焊接装配时，注意左右间隙的均匀性。

（3）焊枪角度控制

横向对称，纵向焊枪倾角 70°～85°。

（4）焊接参数限定

此接头为实心支座，理论上不存在焊漏烧穿等问题，可一次焊接成型，但需保证角顶部位充分熔融，焊接参数见表 6 - 14。

表 6 - 14　焊接参数表

焊缝部位	焊丝牌号	焊丝直径/mm	焊接电流/A	气体流量/L/min
第三底/测振支座	H00Cr21Ni10	1.6	110～130	8～12

（5）熔池状态观察

保证顶角部位充分熔融，保证填充金属熔池的饱满。

（6）操作手法要求

焊接时，为避免产生较大变形，应先焊接上边一道焊缝，再焊接下边一道焊缝，焊接过程中注意熔合比，控制应力裂纹倾向。

6.3.10　目标焊缝 24 ~ 26#

（1）接头结构分析

如图 6 - 19 所示，三个管嘴在头部引出管上，且焊接转接管嘴作为过渡连接接头，控制好每一道焊缝的焊接质量，以保证在重复熔融时不产生接头失效。

（2）接头间隙控制

此接头是在引出管的焊接接头上，再焊接转接管嘴，存在较大焊接间隙，只能保证转换管嘴内角贴严，外角间隙待焊接时予以弥补。

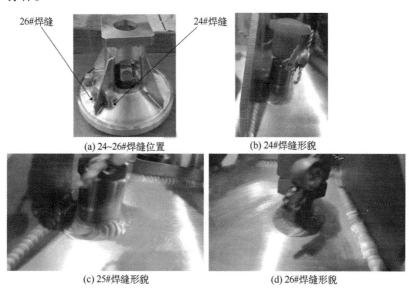

(a) 24~26#焊缝位置　　　　　　　(b) 24#焊缝形貌

(c) 25#焊缝形貌　　　　　　　(d) 26#焊缝形貌

图 6 - 19　24 ~ 26#焊缝的位置及形貌

（3）焊枪角度控制

该接头与头部加强筋之间存在一定的干扰，焊接可达性变差，焊接时焊枪角度以保证接头焊接质量为准，不作特别要求。

（4）焊接参数设定

该接头存在较大间隙，可进行加丝封底焊和盖面焊两层焊接操作，注意焊接参数与焊接速度的协调，不能有烧穿、烧豁现象的出现。焊接参数见表6-15。

表6-15　焊接参数表

焊缝部位	焊丝牌号	焊丝直径/mm	焊接电流/A	气体流量/（L/min）
管嘴/头部	H00Cr21Ni10	1.6	90～110	8～12

（5）熔池状态观察

保证接头根部充分熔融。

（6）操作手法要求

此接头因产品结构原因，焊接可达性较差，需在可达性极限点处起焊，焊接时宜采用焊丝跟进法（焊丝不出熔池）进行施焊，以保证有足够的送丝量来填充较大的焊接间隙。

（7）特殊提示

焊后认真观察，不允许有咬边及其他缺陷产生。

6.3.11　目标焊缝27#

（1）接头结构分析

如图6-20所示，头部/身部对接焊缝为发动机推力室头部和身部进行装配连接时关键焊接接头，且头部为1Cr18Ni9Ti不锈钢，身部由电铸镍材料外壁及锆铜材料内壁电铸结合而成，导热性极好，异性接头焊接，接头采用带锁底对接焊形式，Ⅰ级焊缝，需严格控制焊接质量。

（2）接头间隙控制

该接头的焊接质量十分关键，无法进行X光透照，装配定位时确保一定装配间隙控制焊缝质量和保证焊缝质量一致性。

(a) 27#焊缝位置   (b) 27#焊缝形貌

图 6 – 20   27#焊缝的位置及形貌

（3）焊枪角度控制

焊接过程中横向有阻碍，尽量保证角度贴近垂直，纵向焊枪角度以 85°左右为宜，以增加接头熔深。

（4）焊接参数限定

此结构接头环境比较复杂，为保证合理的熔深，又避免产生裂纹等缺陷，在控制好焊缝熔合比的情况下，加丝封底焊操作，在间隙可视条件下充分保证焊缝钝边的熔融；盖面时也是以添加焊丝材料成分为主，确保焊缝不出现裂纹。采用2%的氢氩混合气提高焊接电弧的热熔性和焊缝表面质量，焊接参数见表 6 – 16。

表 6 – 16   焊接参数表

焊缝部位	焊丝牌号	焊丝直径/mm	焊接电流/A	气体流量/(L/min)
头部/身部	H00Cr21Ni10	1.6	100 ~ 120	8 ~ 12

（5）熔池状态观察

保证两个顶角部位（头部上的阴角和身部上的阳角部位）充分熔融。

（6）操作手法要求

因该结构焊接可达性好，所以采用顺序焊接即可（在多点定位支撑下不易产生变形），焊接过程中采用拖带法控制焊接运调。

（7）特殊提示

焊缝不易过高，平滑即可，以免影响氢输送孔流量；控制好焊缝材料熔合比。焊后应使用 15 倍以上放大镜检查，以进一步保证焊缝表面质量。

6.3.12　目标焊缝 28～30#

焊缝在产品上的位置及形貌如图 6－21 所示。焊接部位为伺服能源接嘴/搭接环、焊接接管嘴/搭接环、测温接管嘴/搭接环，焊接工艺控制方法与推力室接管嘴相同。因 3 个接管嘴并行排列，焊接时存在较多干扰源，故焊接时应严格控制和保障干扰处的充分熔融。

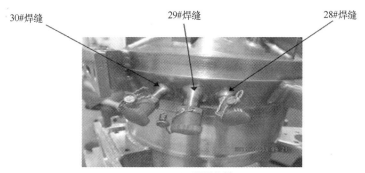

(a) 28~30#焊缝位置

(b) 28~30#焊缝形貌

图 6－21　28～30#焊缝的位置及形貌

特殊提示：管嘴与搭接环形成 45°左右倾斜装配焊接，焊接难度较大，要特别注意与搭接环和推力室身部一处异性接头焊缝，避免重叠搭接焊缝。否则,因焊缝成分难以控制,易出现裂纹和渗漏。

6.3.13　目标焊缝 31～36#

(1)接头结构分析

如图 6-22 所示,头部/上支座使用工况恶劣,经受疲劳载荷较大,且与头部上其他焊缝存在交叉,需进行隔断焊接处理。受空间限制,需在工装上定位后,拆除工装进行焊接。焊缝要求Ⅰ级,属关键连接焊缝。

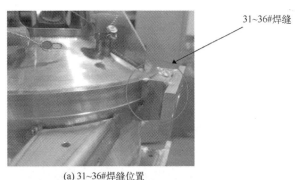

31~36#焊缝

(a) 31~36#焊缝位置

(b) 31~36#焊缝形貌 (俯视)

(c) 31~36#焊缝形貌 (仰视)

(d) 31~36#焊缝形貌 (左视)

(e) 31~36#焊缝形貌 (右视)

图 6-22　31～36#焊缝的位置及形貌

（2）接头间隙控制

存在一定的焊接变形和加工精度要求，按规范要求装配，焊接间隙应小于0.5mm。

（3）焊枪角度控制

焊接可达性较好，可采用标准焊枪角度控制即横向对称，纵向焊枪倾角70°~85°。

（4）焊接参数限定

为保证焊接接头连接强度，控制好焊接接头质量，确保Ⅰ级焊缝要求，仍采用Ⅰ级焊缝控制方法，即先不加丝或加丝焊缝封底操作（同种材料可不加丝封底焊，异种金属要稍许添加丝封底焊接操作），保证钝边熔融和合理的熔深，再盖面焊接，控制好焊接高度，焊接参数见表6-17。

表6-17 焊接参数表

焊缝部位	焊丝牌号	焊丝直径/mm	焊接电流/A	气体流量/（L/min）
头部/上支座	H00Cr21Ni10	1.6	70~90	8~12

（5）熔池状态观察

保证角顶部位充分熔融，控制好熔深和有效焊角尺寸。

（6）操作手法控制

该类焊接接头不仅存在厚度差，而且支座与电铸镍身部导热存在巨大差异，焊接时，向材料厚度较大处或导热较强的一侧集中，保证电弧充分作用到需求电弧热量较大一侧，使被焊金属充分熔融，尽量采用对称焊接以控制支座焊接变形。

（7）特殊提示

异性接头焊接时，控制焊缝熔合比，并检查焊缝及表面微裂纹的存在。

6.3.14 目标焊缝37#

（1）接头结构分析

如图6-23所示，搭接环是确保发动机推力室有效正常工作，确保氢冷却和稳定燃烧的关键工序焊缝，应严格控制搭接环刈接焊缝质量以保证搭接环承受有效载荷。

(a) 37#焊缝位置

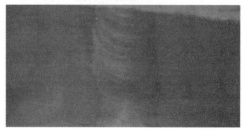

(b) 37#焊缝形貌

图 6 - 23　37#焊缝的位置及形貌

（2）接头间隙控制

为增加电弧热量的可达性，保证焊接接头质量，此接头应开坡口和留有一定的焊接间隙，即开 30°坡口，钝边 0.5mm 左右。焊接时，焊接间隙控制在 1mm 左右。

（3）焊枪角度控制

采用标准焊枪角度控制即可（横向对称，纵向 70°~85°）

（4）焊接参数限定

为保证焊接接头控制在Ⅰ级焊缝要求的标准内，此接头可采用加丝封底焊和盖面焊接，即二层焊接控制方法以确保焊缝合理的焊透和良好的成型。焊接参数见表 6 - 18。

表 6 - 18　焊接参数表

焊缝部位	焊丝牌号	焊丝直径/mm	焊接电流/A	气体流量/(L/min)
搭接环	H00Cr21Ni10	1.6	100 ~ 120	8 ~ 12

（5）熔池状态观察

确保焊接接头钝边的充分熔融和熔池的饱满，以控制焊缝背面咬边现象的发生。

（6）操作方法控制

为增加熔透深度和控制焊缝成型，可采用稍许上爬坡焊接方法，第一层保证有效焊透，第二层可适当降低焊接规范，并进行稍许摆动运调控制，以保证焊缝良好成型。

（7）特殊提示

严格控制焊漏或其他焊接缺陷的产生，以免影响流阻或给排补带来巨大困难，因该结构对多余物控制要求较高，很难进行排补。

第 7 章   手工焊接典型工艺案例

7.1   焊接变形控制技术研究

7.1.1   面板结构手工焊接

推力室头部是火箭发动机动力源工作时氢氧混合推进剂燃烧的起始端，由中底组合件、第三底、承力座、二孔座、氧进口法兰、支板及管嘴等零组件装配焊接而成，如图 7-1 所示。由于产品呈空间结构，材料涉及钢/钢、钢/高温合金连接，其任一部件的装配焊接质量优劣直接影响面板的平面度和氢氧喷嘴环形间隙。面板变形较大或氢氧喷嘴环形间隙的波动大将导致面板前端燃烧区位置发生变化，进而影响发动机燃料混合的均匀性和火焰燃烧的稳定性，降低整个发动机推力性能和工作过程的安全可靠性。

针对这一复杂空间结构件的焊接，最典型的焊接工艺是依据焊接可达性顺序决定，即采用从里至外、由下至上的典型常规焊接方式。焊接过程中可以考虑在头部面板夹持工装和承力座来保持产品形位公差尺寸。由此，决定手工焊接的具体焊接工艺为：

1）焊二孔座与中底组合件 1 道焊缝；

2）焊接中底组合件与第三底 1 道内环焊缝；

3）顺序焊接三底与中底组合件 1 道外环焊缝；

4）焊接承力座与第三底 1 道焊缝；

5）焊接加强筋板与第三底之间的焊缝；

6）焊接加强筋板与承力座之间的焊缝；

7）焊接头部氧进口法兰、2 个管嘴和测振支座。

推力室头部的 C 焊缝、D 焊缝、F 焊缝的有限元焊接应力分析如图7-2所示，叠加后的最终应力分布如图7-3所示，图中黄色代表该区域焊接应力最大。结果显示，面板、第二底中间区域的焊接应力易集中在面板上。当去除工装后，焊接累积应力足以使面板发生明显变形，影响面板的平面度，实测值显示不平度可达1.5mm。

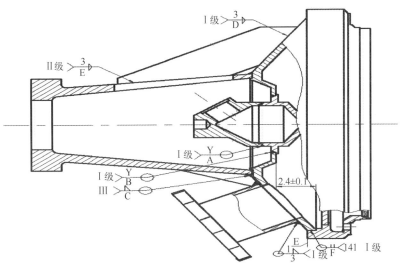

图7-1　推力室头部及面板氢氧喷嘴间隙

A焊缝—二孔座与中底组合件；B焊缝—第三底与中底组合件内环；C焊缝—承力座与第三底；D焊缝—加强筋板与第三底；E焊缝—加强筋板与承力座；F焊缝—第三底与中底组合件外环；G焊缝—氧进口法兰与第三底

图 7 - 2　推力室头部 C、D、F 焊缝应力分析图

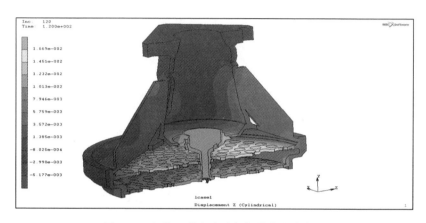

图 7 - 3　初期工艺方案头部焊接应力分布图

鉴于应力分布情况，需优化焊接方案，具体采取工装预紧力、改变焊接顺序、在焊接时增加反作用力以实现焊接累加应力有效释放。

基于上述分析在焊接工装的刚性约束下，中底组合件与第三底始终保持开环状态即自由变形，可有效释放第三底与承力座、支板与三底的焊接应力，从而使面板及结构件的应力仅为第三底与中底组合件焊接产生的焊接应力。数值模拟分析结构显示此时应力分布情况如图 7 - 4 所示。结合图 7 - 3 可知，结构件的应力集中得到了充分的释放，完善后的手工焊接具体工艺流程为：

1）焊接对产品结构变形影响较小的二孔座与中底组合件焊缝，分 4 段对称焊接；

2）将第三底下边沿对称堆焊加高 8 点，目的是预留第三底与中底组合件之间的收缩间隙；

3）将中底组合件与第三底、承力座一并装在工装上，找正产品

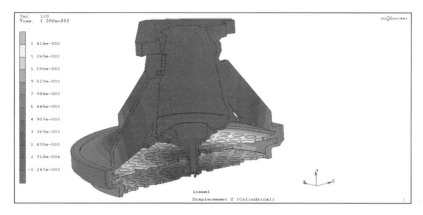

图 7 - 4　改进工艺方案头部焊接应力分布图

位置，先在中底组合件与第三底之间对称定位四点，再在第三底与承力座之间对称定位四点，进行相关位置度限制；

4）焊接承力座与第三底之间的焊缝，分两层对称焊接，第二层与第一层焊接顺序相反，尽量减小焊接应力对结构位置度的影响；

5）焊接头部 3 个管嘴及测振支座焊缝，此时焊接可达性较好，且头部第三底的两条焊缝都处于开环状态（B 焊缝、F 焊缝），3 个管嘴和测振支座的焊接应力对整体结构影响较小；

6）对称焊接 4 件加强筋板与第三底之间的焊缝，方向从里向外焊接，在第三底的两条焊缝都处于开环状态（B 焊缝、F 焊缝）下，充分释放加强筋焊接应力，并为后续焊接收缩预留间隙；

7）分 8 段对称焊接第三底与中底组合件的焊缝，分两层焊接。第一层焊完待充分冷却，经测量承力座四角高度数值后，找高点对称焊接第二层；

8）焊接 4 件加强筋板与承力座之间的焊缝，方向向下，意在对第三底和中底组合件进行反向施压，进一步抵消焊接应力影响；

9）焊接第三底与火药喷管之间的焊缝；

10）焊接第三底上两个引出管；

11）焊接引出管上 2 个测压管嘴；

12）焊接第三底与火药喷管关键焊缝，分两层对称焊接。

采用完善后的焊接方案完成结构件的焊接后，面板的平面度得到了很大的提高，最大值仅为 0.15mm，完全满足设计要求。

7.1.2　空间桁架结构手工焊接

30CrMnSiA 是一种低合金钢，含碳量超过 0.2%，合金元素种类较多，其化学成分和机械性能见 5.1.4 节。碳当量依据表 5 - 14 成分计算：$C_E = C + Mn/6 + Si/24 + Ni/15 = 0.3 + 1/6 + 1/24 + 0.3/15 = 0.63(\%)$。碳当量可用于评价材料焊接性、淬硬、冷裂及脆化等，碳当量越高，材料的淬硬倾向也越大，可焊性也就越差。因此，30CrMnSiA 的淬硬倾向很大，在焊接过程中热影响区会产生大量马氏体，导致焊缝严重脆化，还增加了冷裂纹的倾向。此外，当热影响区温度超过调质处理时温度的区域，将出现强度、硬度低于母材的软化区。

目前桁架结构的机架全部采用 30CrMnSiA 材料的制造，由于空间结构、结构件形位公差严格、材料本身特性等特点，机架手工焊接难度极大：1) 焊接应力大，机架的焊缝数量众多，方向各异，仅机架的下支座就集中了三个主承力杆、梁中点支撑杆、一个支架支撑杆的焊接，如图 7 - 5 所示。如此数量众多和方向各异的焊缝，在

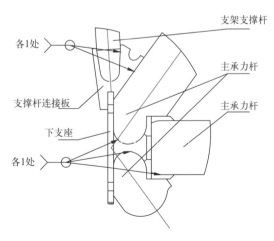

图 7 - 5　机架下支座焊缝分布示意图

焊接过程中焊缝集中区域极易出现较大的焊接应力集中，足以使焊缝产生裂纹。2)焊接变形控制难度大，机架整体形状尺寸较大，直径数米，焊缝方向为空间结构，形位边缘是焊缝集中区的焊接应力释放的主要途径，应力释放将会导致较大焊接变形。

如图7-6所示，机架的6个上支座分布在一个圆的平面六点上，设计图纸要求机架上支座机加工余量仅为2～2.5mm。假设上支座所在平面的挠曲变形量为ΔL，上支座需要机加工量为Δt，以平台左边上支座为基准，若机加量$\Delta t = 2.5mm$，平台右端的上支座加工量变为$\Delta t - \Delta L$即$2.5 - \Delta L$，由于上支座的机加工量范围为1.5～2.5mm，为保证平台右端上支座加工量在要求的范围内，需要$\Delta L \leqslant 1mm$，如果$\Delta t = 2.5mm$，那么$\Delta L = 0$才能满足右端的上支座机加工量符合设计要求，因此，控制产品的焊接变形至关重要，通过控制焊接变形才能满足机加工后产品能达到设计要求。

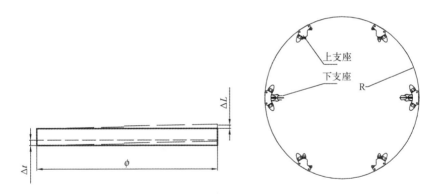

图7-6　机架上支座平面挠曲变形示意图

针对上述阐述的机架手工焊接难点，设计专用工装，限制焊接过程中的变形，通过工装的刚性保证焊接后的变形达到设计要求。图7-7为机架焊接专用工装的整体图，该工装通过立柱、定位销、螺栓等部件固定机架的各个组件，保证各个组件在焊接过程中的焊接变形受到限制，使零件的装配尺寸满足设计要求。

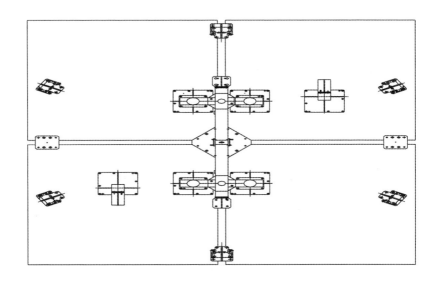

图 7 - 7　机架的装配焊接工装整体示意图

　　30CrMnSiA 材料在焊接热影响区会产生大量的马氏体,导致严重脆化,而且热影响区温度超过调质处理时温度的区域,将出现强度、硬度低于母材的软化区,脆性的马氏体在应力作用下易产生焊接裂纹:1)焊接工艺,焊前清理待焊零件表面的油、水、污物,对锈蚀严重的零件进行吹砂处理,去除表面的锈蚀;焊条进行烘干,烘干温度 300 ~ 350℃,控制焊接过程中氢的来源,减小冷裂纹倾向;机架零件的装配间隙不大于 1mm,错位量不大于 0.7mm;装配、定位、焊接连续进行作业,缩短中间停顿时间,防止定位焊接时焊缝组织产生的应力拉开焊点造成装配变形,减少焊接收缩量,控制焊接完成后的残余应力;对机架焊接区域进行预热,预热温度范围为 200℃,焊前预热可以减小焊缝的冷却速度,降低焊缝近缝区的淬硬倾向,还可以改善焊接接头的塑性,减小焊接残余应力,进而减小冷裂纹倾向;尽量减小焊接过程中焊缝高度,以满足设计文件要求为限;采用小电流焊接,控制焊接热输入,焊条与焊接方向的角度维持在 50° ~ 70°,避免电弧集中、熔池温度过高；焊后进行保温措施，让焊缝中的氢扩散出来，减少焊缝中扩散的氢含量。2）施焊顺序，对机架的结构及焊缝分布特点，采取合适的施焊顺序来改善结构的应力状态，减小机架裂纹倾向。先焊接机架中心的梁中点接头区域，避免焊缝收缩向机架一侧累积从而引起机架各零件之间的装配尺寸误差，因为如果装配尺寸过大会带来很大的焊接收缩量，进而产生很大的焊接残余应力。采用对称焊接方法焊接梁中点区域，两名焊工在两边对称地同时施焊，采用此方法能使焊接应力相互抵消，减少残余应力的产生。先焊接零件自由收缩量大的部分，再焊接自由收缩量小的部分，这样焊缝能尽量收缩。

通过上述焊接工艺优化、焊接顺序的优化以及焊接专用工装，实现了30CrMnSiA低合金钢桁架结构的焊接，焊接形位公差和焊缝质量达到设计的要求。

7.2 焊接裂纹控制技术研究

7.2.1 异种金属手工焊接（GH4169/30CrMnSiA）

部分异种金属间形成金属间化合物的，可焊性差；而且接头熔合区塑性下降，内应力较大，易形成裂纹，甚至使焊缝金属剥离。GH4169、30CrMnSiA被广泛应用于火箭发动机的结构件制造中，但其物理性能差异较大，尤其是30CrMnSiA焊接时易产生裂纹，焊接难度较大。

30CrMnSiA的化学成分和机械性能见表5-14和表5-15，根据材料的焊接性和现有的焊接材料，选用三种焊接材料进行了工艺性能试验，分别为Ni625焊条、Ni818焊条和HGH4169焊丝，三种焊接材料的焊接机械性能见表7-1，熔敷金属化学成分见表7-2，试验过程中试样的坡口形式和尺寸如图7-8所示，GH4169焊前固溶处理，焊接参数见表7-3。

表 7 - 1　三种焊接材料的机械性能

性能 ＼ 牌号	Ni625 焊条	Ni818 焊条	HGH4169 焊丝
σ_b(MPa)	≥760	≥690	≥1275
δ_5(%)	≥30	≥25	≥12

表 7 - 2　三种焊接材料的熔敷金属化学成分(%)

牌号 ＼ 成分	C	Si	Cr	Mo	Ni	P	S	Mn	Fe	W	其他
Ni625 焊条	≤0.10	≤0.75	20.0 ~ 23.0	8.0 ~ 10.0	基	≤0.015	≤0.010	≤1.0	≤7.0	—	≤0.5
Ni818 焊条	≤0.04	≤0.75	14.5 ~ 16.5	14 ~ 17.5	基	≤0.035	≤0.030	≤1.5	≤7.0	3.0 ~ 4.5	—
HGH4169 焊丝	≤0.08	≤0.30	17.0 ~ 21.0	2.8 ~ 3.3	50 ~ 55	≤0.015	≤0.015	≤0.35	余量	—	—

表 7 - 3　三种焊接材料的焊接参数

牌号 ＼ 参数	焊接方法	焊接电流/A	焊条直径/mm
Ni625 焊条	手工电弧焊	90 ~ 110	Φ3.2
Ni818 焊条	手工电弧焊	90 ~ 110	Φ3.2
HGH4169 焊丝	手工氩弧焊	70 ~ 90	Φ1.6

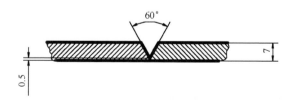

图 7 - 8　焊接接头形式

采用三种焊接材料焊接后的试板经外观检查和 X 光检查，符合 QJ1842—95 Ⅰ级焊缝要求。表 7 - 4 为三种焊接试件的室温下力学性能。宏观检查焊接试样发现，三种试件拉伸后断裂均在焊缝中央。

表 7 - 4　三种焊接材料焊接接头的力学性能

焊接材料	σ_b/MPa			σ_b平均值/MPa
	1#试样	2#试样	3#试样	
Ni625	625	640	580	615
Ni818	565	555	535	552
HGH4169	675	695	675	682

由表 7 - 4 可以看出用 HGH4169 焊丝焊接的接头强度最高，但受结构所限且熔敷量大，实际产品选用 Ni625 焊条将接头和拉杆焊接在一起，但焊后对接接头其抗拉强度为母材的 56.94%，同时产品接头形式为搭接结构，不能满足 QJ1842—95 Ⅰ级焊缝要求。考虑实际产品拉杆和接头结构形式为搭接，进行 1:1 的拉杆和接头的模拟焊接试验，焊接前 GH4169 接头进行了固溶处理，用 Ni625 焊条手工电弧焊焊接，焊接电流为 $I = 110 \sim 130A$，焊后进行拉伸试验，断裂处均为拉杆母材处，如图 7 - 9 所示。

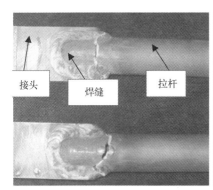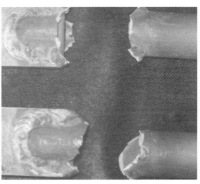

接头　　焊缝　　拉杆

图 7 - 9　拉杆和接头 1:1 模拟件拉断图

整个泵支架最薄弱点为拉杆横截面最小处，如图 7 - 10 所示，计算横截面(A - A 面)面积为 179.82mm^2。共进行了两件模拟件,拉断力分别为 243.04kN 和 234.89kN。通过 1:1 的模拟焊接试验,说明 Ni625 焊条满足设计要求。

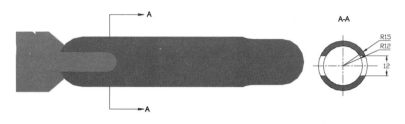

图 7 - 10　拉杆横截面最小处示意图

7.2.2　铸造高温合金手工焊接(K4169)

随着发动机推力的提高,推力室、涡轮泵大量选用铸造 K4169 合金。K4169 合金是一种时效强化镍基高温合金,国际镍公司推荐了两种热处理工艺:1)1065℃,1 小时,空冷 +760℃,10 小时,以 55℃/小时炉冷到 650℃,8 小时,空冷;2)950 ~ 980℃,1 小时,空冷 +720℃,8 小时,以 55℃/小时炉冷到 620℃,8 小时,空冷。铸件供货前需进行热等静压(1166 ~ 1177℃、103MPa 保持 4 小时)和均匀化处理(1095 ±10℃保温 2 小时,空冷)。在发动机制造过程中涉及 K4169/GH4169、K4169/1Cr18Ni9Ti 及 K4169/K4169 焊接接头。

选用高温合金焊丝手工氩弧焊 K4169 与 K4169,K4169 母材三种状态:均匀化处理、固溶处理和标准热处理(固溶 + 时效处理)。焊后均匀化处理状态试件进行固溶 + 时效处理,固溶处理状态试件则进行了时效处理,见表 7 - 5。K4169 与 GH4169 选用高温合金焊丝手工氩弧焊,焊后又进行了补焊试验,并将一次焊接试样和补焊接头分别进行了低温和室温拉伸、金相检查以及室温冲击试验。K4169 与 1Cr18Ni9Ti 选用 Ni818 和 Ni625,并用 Ni625 焊条进行了二次补焊。K4169 的化学成分见表 7 - 6,固溶时效状态下的室温机械性能和高温持久强度见表 7 - 7。铸件在供货前进行了均匀化处理(1095 ± 10℃保温 2 小时,空冷)。

表 7 - 5　K4169 与 K4169 对接焊的主要试验内容

接头类型	焊前热处理状态	焊后热处理工艺	接头性能检测主要内容
一次焊接	均匀化	固溶 + 时效	1）力学性能：低温、常温、高温拉伸；高温持久；常温、高温冲击； 2）金相检查：显微组织及热影响区液化裂纹情况分析； 3）断口形貌观察及微区成分分析
	固溶	时效	
	固溶 + 时效	—	
补焊试验	均匀化	固溶 + 时效	
	固溶 + 时效	—	

表 7 - 6　K4169 的化学成分（%）

Al	Si	Ti	Cr	Ni	Nb	Mo	Fe
0.30 ~ 0.80	≤0.35	0.65 ~ 1.15	17.0 ~ 21.0	50.0 ~ 55.0	4.40 ~ 5.40	2.80 ~ 3.30	余

表 7 - 7　K4169 的机械性能

试验条件	σ_b/MPa	σ_s/MPa	δ（%）	ψ（%）
室温	≥950	≥750	≥7	≥10
620MPa，650℃	保持 50h 不断			

试件焊接接头形式如图 7 - 11 所示，K4169 与 K4169、K4169 与 GH4169 采用手工氩弧焊，焊接电流 120 ~ 150A，并在焊后打磨掉焊缝金属进行补焊试验；K4169 与 1Cr18Ni9Ti 采用手工电弧焊，焊接电流 110 ~ 130A，电弧电压 25 ~ 30V。

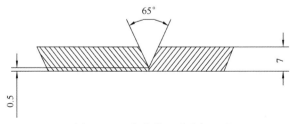

图 7 - 11　接头坡口形式与尺寸

K4169/K4169 接头的焊接空温拉伸、600℃拉伸及冲击试验结果分别示于表 7-8~表 7-11。表中数据结果表明焊接前热处理状态能直接影响 K4169/K4169 接头断裂位置和力学性能。焊前时效处理的试样断在熔合区，而焊前均匀化及焊前固溶处理的试样均断在 K4169 基体上。而焊前均匀化处理、固溶处理和固溶+时效处理三种热处理状态的焊接接头强度分别是母材强度的 95.2%、91.5%、70.5%。焊后补焊对焊接接头的断裂强度影响不大，但却导致冲击韧性降低。

表 7-8 K4169+K4169 接头的力学性能(室温)

试样状态	断裂强度 σ_b/MPa	断裂位置
焊前均匀化，焊后固溶+时效处理	905~970	母材
焊前均匀化，补焊两次后固溶+时效处理	945~955	母材
焊前固溶处理，焊后时效处理	870~895	母材
焊前固溶+时效处理，焊后不热处理	670~720	熔区
固溶+时效处理，补焊两次，焊后不热处理	705~730	熔合区

表 7-9 K4169+K4169 接头的力学性能(600℃)

试样状态	断裂强度 σ_b/MPa	断裂位置
焊前均匀化，焊后固溶+时效处理	725~735	母材
焊前固溶+时效处理，焊后不热处理	455~475	熔合区
焊前固溶处理，焊后时效处理	475~490	母材

表 7-10 K4169+K4169 接头的冲击试验结果

试样状态	试验条件	A_k/J
焊前均匀化，焊后固溶+时效处理	室温	7~13.9
	600℃	9.5~9.7
焊前均匀化，补焊两次后固溶+时效处理	室温	7~8.5
焊前固溶处理，焊后时效处理	室温	8.2~12
焊前固溶+时效处理，焊后不热处理	室温	33.2~39.3
	600℃	49~56
固溶+时效处理，补焊两次，焊后不热处理	室温	23.8~25.7
	600℃	45~53

表 7 - 11　高温持久试验结果

试样编号	1	2	3
保持时间/h	8	10	20

　　K4169 与 GH4169 接头的力学性能见表 7 - 12。一次焊接时接头断裂位置为焊缝熔敷金属，常温拉伸时补焊后不但断裂位置变为 GH4169 一侧的热影响区，接头的抗拉强度也有所升高，但其延伸率降低。K4169 与 GH4169 接头补焊后在室温下进行冲击试验，其冲击吸收功 A_k 值为 54 J。而 K4169 与 1Cr18Ni9Ti 电弧焊接头的拉伸试验结果见表 7 - 13，两种焊条焊接的接头力学性能相差不大。试板断裂部位均在靠 K4169 一侧的熔合线附近。补焊后试板的拉伸试验结果见表 7 - 14，断裂部位仍在靠 K4169 一侧的熔合线附近。

表 7 - 12　K4169 与 GH4169 接头的力学性能

试件状态	试验条件	σ_b/MPa	δ_5/%	断裂位置
KGB1	低温	975 ~ 1130	14 ~ 16	焊缝，偏 GH4169 侧
KGY7	常温	670 ~ 720	8.0 ~ 9.0	焊缝，偏 GH4169 侧
KGB1	常温	715 ~ 825	4.5 ~ 5.5	在 GH4169 侧热影响区

　　注：KGY 为一次焊接试件；KGB 为二次补焊试件。

表 7 - 13　K4169 与 1Cr18Ni9Ti 接头的力学性能

	断裂强度 σ_b/MPa	δ_5/%	断裂位置
Ni818 焊条焊接	565 ~ 615	9.0 ~ 13	K4169 侧熔合区
Ni625 焊条焊接	590 ~ 635	10 ~ 20	K4169 侧熔合区

表 7 - 14　K4169 与 1Cr18Ni9Ti 接头 Ni625 焊条补焊后的力学性能

断裂强度 σ_b/MPa	δ_5/%	断裂位置
595 ~ 645	12 ~ 26	K4169 侧熔合区

　　对用于焊接试验的 K4169 进行微观组织观察，微观结果显示晶粒粗大，有的晶粒直径竟达半个板厚，由于试验所用的板材厚度为 7mm，所以其平均晶粒尺寸可达 2 ~ 3mm，K4169 基体组织如图 7 - 12 所示。金相检查结果表明，不论焊前 K4169 母材的热处理状态

如何，其焊接热影响区均有液化裂纹存在，如图 7 - 13 所示。

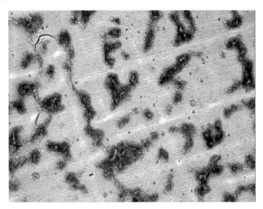

图 7 - 12　K4169 板材显微组织（100 ×）

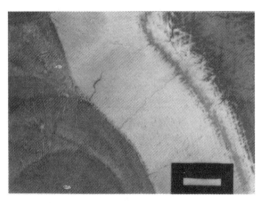

图 7 - 13　K4169 接头的金相组织（100 ×）

对一个焊接接头横截面内的液化裂纹长度进行了统计分析，结果见表 7 - 15，一个焊接接头横截面内的液化裂纹长度可看作是单位长度焊接接头上的液化裂纹长度。与力学性能试验的结果相比较可以看出，随液化裂纹长度的增大，接头的抗拉强度减小。

表 7 - 15　一个焊缝横截面内的液化裂纹长度

焊前的热处理状态	均匀化处理	固溶处理	固溶 + 时效处理
液化裂纹总长/mm	4. 375	5. 425	7. 625

对断口进行微观分析，结果显示断在基体上的试样呈塑性断裂，其断口的宏观形貌如图 7－14 所示，断口上有明显的枝晶形貌。焊前时效处理的试样断在熔合区附近，断口上有较多的二次裂纹，二次裂纹具有沿晶的性质，如图 7－15 所示。产生二次裂纹的区域断口形貌与正常断口有很大的差别，将二次裂纹区的断口形貌放大后可见土豆状形貌，为典型的液化裂纹形貌，如图 7－16 所示。可见，断裂发生在熔合区是因为焊接热影响区液化裂纹扩展造成的。

图 7－14　断口的宏观形貌

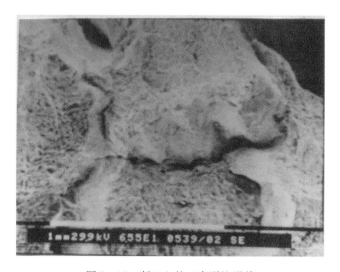

图 7－15　断口上的二次裂纹形貌

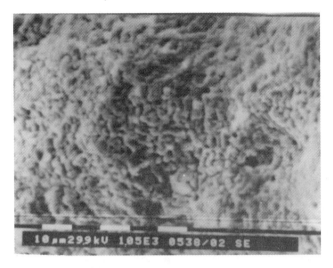

图 7 - 16　典型的液化裂纹形貌

　　高温持久试样断裂后，试样的断口局部区域呈氧化色，断口上氧化区域与正常区域交界处可见明显的液化裂纹特征。说明在高温持久试验时，液化裂纹表面发生氧化、并扩展，使接头强度降低，过早断裂。

　　铸造 K4169 为细晶时，其微观组织如图 7 - 17 所示，当与不锈钢板 1Cr18Ni9Ti、锻件 GH4169 手工氩弧焊，其中 K4169 与 GH4169 焊接时焊前为均匀化处理状态，焊后进行固溶时效处理，焊接电流为 50 ～ 80A。力学性能结果显示细晶铸造 K4169 与不锈钢 1Cr18Ni9Ti 焊接后试件均断在 1Cr18Ni9Ti 基体上，而细晶铸造 K4169 与 GH4169 试样均断在 K4169 基体上，抗拉强度均在 1000MPa 以上，最高达到 1620MPa。对微观组织进行观察，发现细晶铸造 K4169 合金接头热影响区组织正常，未发现液化裂纹，如图 7 - 18 与图 7 - 19 所示。

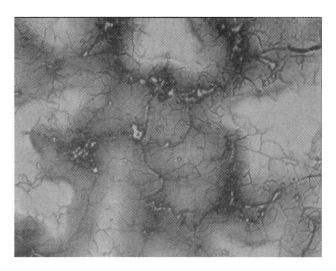

图 7 - 17　细晶 K4169 晶粒组织（100 ×）

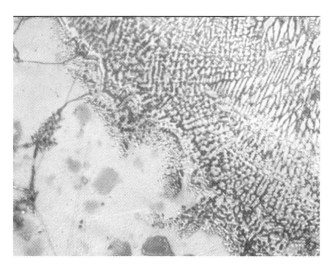

图 7 - 18　与 1Cr18Ni9Ti 焊后 K4169 一侧的熔合区组织（100 ×）

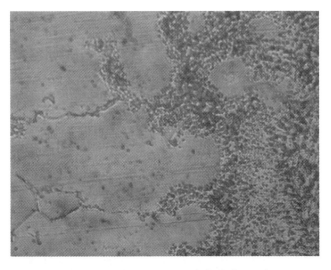

图 7 - 19　与 GH4169 焊后 K4169 一侧的熔合区组织(150 ×)

通过对 K4169/K4169、K4169/1Cr18Ni9Ti、K4169/GH4169 手工焊接接头的力学性能和微观组织研究，确定晶粒尺寸是影响 K4169合金焊接性的关键因素。细晶铸造的 K4169 合金，晶粒细小，为 ASTM 4 级，焊后检查时，显微镜下观察未发现有液化裂纹。而焊前细晶铸造的 K4169 合金均匀化处理，选择合适的焊接工艺参数进行焊接，不仅可以避免液化裂纹的出现，而且接头的力学性能要远远优于一般的铸件接头。

7.3　焊缝熔透控制技术研究

7.3.1　非对称传热接头手工焊接

电铸镍具有良好的强度、韧性、耐腐蚀性、磁性等性能，在沉积过程中产生的内应力非常小，镍电铸溶液还具有优良的微观分散能力，可制造许多复杂产品，精确地复制精细表面。基于电铸镍的性能、工艺成型等优势，电铸镍被用于部分火箭发动机推力室身部的外壁制造工艺中。推力室身部为承力件，外部需焊接大量的支架或支板等辅助件，伴随火箭发动机推力的增大，辅助件材料主要为GH4169，因此 GH4169 与电铸镍材料的手工焊接工艺至关重要。

电铸镍的化学成分和机械性能见表 7-16，GH4169 的化学成分见表 7-17，机械性能见表 7-18。

表 7-16　电铸镍的化学成分和机械性能（%）

Ni + Co	S	P	Pb	σ_b/MPa	$\sigma_{0.2}$/MPa	δ_5/%	备注（室温）
≥99.75	≤0.008	≤0.008	≤0.008	≥426	≥272	≥20	退火状态室温

表 7-17　GH4169 的化学成分（%）

C	Cr	Ni	Mo	Al	Ti	Nb
≤0.08	17.0 ~ 21.0	50.0 ~ 55.0	2.80 ~ 3.30	0.20 ~ 0.60	0.65 ~ 1.15	4.75 ~ 5.50
Fe	B	Mn	Si	P	S	
余	≤0.006	≤0.35	≤0.35	≤0.015	≤0.015	

表 7-18　GH4169 的力学性能（室温）

σ_b	$\sigma_{0.2}$	δ_5/%
≥1275MPa	≥1030MPa	≥12

试验所用的电铸镍其化学成分、原始状态及退火状态下力学性能见表 7-19。两种电铸镍状态的试验，第一组试件焊前电铸镍进行了退火处理，即 280℃保温 2 小时，第二组试件焊前电铸镍未进行退火处理。试验过程中试样的坡口形式和尺寸如图 7-20 所示，采用手工氩弧焊多层焊接，焊接电流为 $I = 130 \sim 150A$。焊丝为高温合金焊丝，直径为 $\Phi1.6$。

表 7-19　试验所用电铸镍的化学成分和机械性能（室温）（%）

Ni + Co	S	P	Pb	原始状态下的 σ_b/MPa	退火状态下的 σ_b/MPa
99.99	0.003	0.002	0.005	730	523

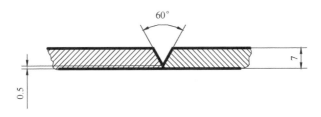

图 7 - 20　焊接接头形式

对试验的焊接接头进行外观检查和 X 光检查，符合 QJ1842—95 Ⅰ级焊缝要求。将试件进行了室温下的力学性能试验，试验结果见表 7 - 20，宏观检查焊接试样，试件断裂位置在电铸镍一侧的热影响区内，如图 7 - 21 所示，均有明显缩颈，除拉断位置外未发现裂纹或其他焊接缺陷。

表 7 - 20　电铸镍与 GH4169 焊接接头力学性能试验

组别	焊前电铸镍试件状态	σ_b/MPa			σ_b平均值 MPa
		1#试样	2#试样	3#试样	
第一组	退火处理	350	335	320	335
第二组	未进行退火处理	415	375	410	400

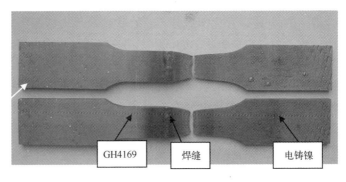

GH4169　　焊缝　　电铸镍

图 7 - 21　拉断试样形貌

金相结果显示焊缝熔合区组织正常、无缺陷［如图 7 - 22（a）所

示], 热影响区组织没有发现裂纹[如图 7 - 22(b) 所示]; 电铸镍母
材晶粒度细小, 少量长条晶粒, 晶粒度约为 10 级[如图 7 - 22(c) 所
示], 热影响区晶粒度长大明显, 晶粒度约为 3 ~ 5 级[如图 7 - 22
(d) 所示]。

(a) 焊缝熔合区组织 (150×)　　　　(b) 焊缝热影响区组织 (60×)

(c) 电铸镍母材晶粒度 (150×)　　　　(d) 电铸镍热影响区晶粒度 (150×)

图 7 - 22　焊缝各区域组织

　　退火处理的电铸镍经过焊接后拉断在电铸镍热影响区上, 强度仅
为 335MPa, 按技术条件中电铸镍退火处理后强度不小于 426MPa 计算,
是母材强度的 78.64%; 按同批电铸镍材料退火处理后强度 523MPa 计
算, 是母材强度的 64.05%, 不符合 QJ1842—95 Ⅰ级焊缝要求。
　　由于电铸镍组织对加热温度较敏感, 焊后焊缝的强度明显降低,
虽然断裂在电铸镍的热影响区上, 但接头强度仍低于母材强度的
90%。电铸镍与 GH4169 焊接后对接接头强度达不到 QJ1842—95 Ⅰ级焊
缝要求, 在使用过程中需与设计部门共同制定专用的验收技术条件。

7.3.2　施焊可达性差接头手工焊接

火箭发动机推力室结构复杂，尤其头部，造成局部焊缝可达性极差，如图 7 – 23 所示的焊缝工作时工况恶劣，对焊接质量要求高，且因该焊缝焊接对头部喷嘴间隙影响较大，焊接时应严格控制焊接热输入，以减小变形，同时因该焊缝为头部结构上最后一道施焊焊缝，焊接可视性与可达性均较差。

图 7 – 23　19#焊缝的位置及形貌

针对该焊缝受其他零件限制、可达性差、焊缝位置狭窄现状，普通焊枪无法实现该焊缝的焊接。技术人员依据焊缝位置结构进行分析，对普通焊枪进行改进，设计出一种特殊形状的专用焊枪，实现了狭窄空间结构焊缝的有效焊接，如图 7 – 24 所示。

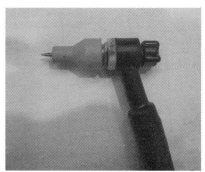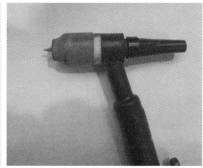

图 7 – 24　专用焊枪(左)与普通焊枪(右)对比

在焊接过程中要实现头部焊接的形变最小化，需尽可能保证头部焊接的焊缝形状系数达到最小，以减少因焊接热输入引起的焊接应力过大而造成产品焊接变形，但热输入太小则会造成部分焊缝熔深不足。通过多次试验研究，引进富氩焊接技术，即采用特定比例的氢氩混合气为保护气进行焊接，有效提高了电弧热量，使之获得深而窄的焊缝形状系数，而且解决了由焊缝成型系数不良引起的焊接应力变形问题。

最终通过焊枪改造以及焊接工艺试验分析确定以下焊接工艺：

1）预留反变形技术方案控制焊接间隙，径向 1.2mm 左右，轴向 0.6mm 左右为宜，而焊枪角度保持在 85°~95°之间；

2）采用封底和盖面二层施焊，且第一层封底焊接为不加丝封底焊，焊接参数见表 7-21。

表 7-21 焊接参数表

焊缝部位	焊丝牌号	焊丝直径/mm	焊接电流/A	气体流量/（L/min）
第三底/火药喷管	H00Cr21Ni10	1.6	110~135	8~12

3）为防止焊接变形过大影响头部喷嘴间隙，同时又要保证焊接接头质量，需采用分层施焊，来控制热输入，采用对称每段焊接各四分之一封底和盖面焊接方式；

4）由于该焊接接头对焊接变形控制要求较高，因此分层焊接时，第一层封底焊完成后，应充分冷却至室温，再进行第二层焊接。

7.4 焊缝防氧化技术研究

7.4.1 钛合金焊接

CT20 钛合金是西北有色金属研究院为航天管路构件设计的一种钛合金，属于一种 Ti-Al-Zr-Mo 系新型近 α 低温钛合金。CT20 具有强度适中、低温塑性高、冷成型性能及液氢相容性优异等，适合在超低温工况下使用。但 CT20 低温钛合金在空气中焊接时会在

250℃开始吸氢，500℃开始吸氧，600℃开始吸氮，而且焊缝中随着氢含量增加，严重影响焊缝的抗冲击性能；氧含量的增加，硬度和强度将增加并降低塑性；焊缝中含氮，将会形成脆硬相。因此，CT20 钛合金焊接存在两方面问题：1）焊缝热影响区表面颜色发蓝，如图 7 - 25(a)所示；2）焊缝出现硬的魏氏组织（魏氏组织：从 β 转变点以上以不太快的速度冷却形成的一种原始 β 晶界完整，β 晶粒内为 α 小片或 α - β 小片组成的组织，一般都存在粗大集束、长而平直，并具有较大的纵横比），如图 7 - 25(b)所示，可能影响接头质量稳定性和疲劳等机械性能。

 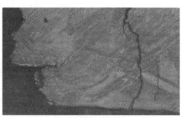

(a) CT20 钛合金焊接接管嘴表面形貌图　　　　(b) 焊缝魏氏组织

图 7 - 25　CT20 钛合金焊缝及焊缝微观组织

图 7 - 26(a)为 CT20 手工焊接后的无附加气保护焊接后的低温试件，试件外观表明焊缝周围出现发蓝现象，而 X 光无损检测结果并没有发现气孔等缺陷，如图 7 - 26(b)所示。在液氮温度下进行力学性能测试，发现焊缝断裂在热影响区附近，与常温断裂位置存在差异，如图 7 - 26(c)所示。断口观察发现，液氮温度下存在类似脆断的断口，如图 7 - 27 所示。手工氩弧焊接无附加气保护状态下焊缝的外观及维氏硬度表明焊缝出现硬化现象，焊接过程中吸收了空气中的杂质。对此开展保护气下的焊接，如图7 - 28(a)所示。由图可知，焊缝外观形貌并没有出现图 7 - 25 中的发蓝现象，证实焊接过程中的气保护能有效阻止焊接过程中吸收空气中杂质的问题。X 光透照分析显示并没有出现明显的气孔等内部缺陷，如图 7 - 28(b)所示。

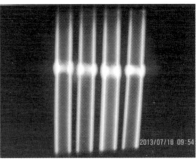

(a) 外观形貌　　　　　　　　　　　　　(b) 内部质量

(c) 拉伸断口

图 7 - 26　低温拉伸试件

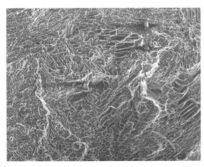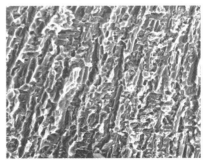

图 7 - 27　拉伸断口形貌

 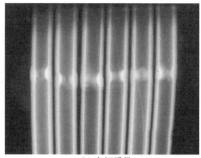

(a) 外观形貌　　　　　　　　　　(b) 内部质量

图 7 - 28　内外保护焊接试件

7.4.2　薄壁金属焊接

　　某型号氢氧发动机作为火箭一级芯级主推发动机，地面起飞时开始工作，为了避免工作过程中产品失稳，其管束式喷管延伸段在外表面需要焊接加强箍，如图 7 - 29 所示。管束焊接组件由薄壁方管焊接而成，加强箍焊接完成后，不允许有焊漏堵塞通道，喷管延伸段内型面与理论母线误差不大于 4mm，且强度试验时焊缝不允许有渗漏现象。

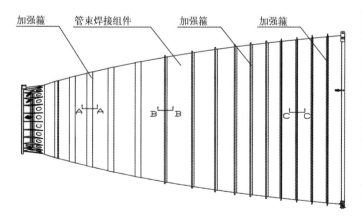

图 7 - 29　管束式喷管延伸段加强箍焊接示意图

　　管束焊接组件与加强箍采用手工氩弧焊进行焊接，不需要专用设备，容易实现，但存在着高温熔融、局部加热且热输入较大、内型面变形较大的特点，需要采用综合优化工艺控制措施，才能达到产品设计要求。氩弧－钎焊与氩弧焊相比，选用焊丝的熔点较低，热输入较小，内型面变形较小。开展了手工氩弧－钎焊与手工氩弧焊喷管加强箍研究，其中氩弧－钎焊采用了铜基 S211 焊丝，氩弧焊采用了镍基 Ni62 焊丝。

　　GH3600 管子、加强箍的化学成分见表 7 - 22，机械性能见表 7 - 23，模拟加强箍的厚度为 1.5mm。

表 7 - 22　GH3600 管子的化学成分（%）

C	Si	Mn	P	S	Cr	Ni
≤0.10	≤0.50	≤1.0	≤0.02	≤0.015	14.0～17.0	余量
Cu	Fe	Al	Mg	Nb	Ti	
≤0.50	6.0～10.0	≤0.35	≤0.04	≤1.0	≤0.50	

表 7 - 23　GH3600 管子的力学性能

试验温度/℃	抗拉强度 σ_b/MPa	残余伸长应力 $\sigma_{0.2}$/MPa	断后伸长率 δ_5/%
	不小于		
室温	550	240	30

　　试验用 S211、Ni62 焊丝直径为 Φ1mm，其化学成分及熔化温度分别见表 7 - 24 和表 7 - 25。图 7 - 30 为模拟产品工作温度区间的常温和高温拉伸试验，由图可知拉伸试件断裂于焊缝的中间，具体拉伸数据见表 7 - 26（Ni62 没有拉伸数据）。

表 7 - 24　S211 焊丝的化学成分及熔化温度

化学成分/%									熔化温度/℃
Cu	Si	Mn	Sn	P	Pb	Al	Zn	Fe	
余量	2.8	0.9	0.1	-	0.08	0.001	0.001	0.03	1027

表 7 - 25　Ni62 焊丝的化学成分及熔化温度

化学成分（%）						熔化温度/℃
C	Si	Mn	P	S	Cr	
≤0.08	≤0.35	≤1.0	≤0.02	≤0.015	14.0～17.0	
	Cu	Fe	Nb	其他		～1350
基	≤0.5	6.0～10.0	1.5～3.0	≤0.5		

(a) 常温拉伸试件　　　　　　　　(b) 高温拉伸试件

图 7 - 30　S211 焊丝氩弧 - 钎焊试件

表 7 - 26　S211 焊丝氩弧 - 钎焊接头的力学性能

温度	常温	650℃
断裂强度/MPa	310	199

　　为了得到合理的焊接工艺参数，选用了管束焊接组件大端余量作为管束焊接组件试件，选用厚度 1.5mm 的 GH600 薄板作为加强箍氩弧 - 钎焊试件。试件焊接后首先对焊缝外貌形状进行综合判定，工艺参数范围见表 7 - 27，焊缝外观形貌如图 7 - 31 所示。由图可知，加强箍模拟件焊接完成后，对其进行了外观检查，焊接处内型面没有明显的氧化变色现象，用手触摸没有明显凸起现象，通过钢板尺进行间隙测量，发现此处没有明显的由焊接变形引起的间隙，如图 7 - 32 所示。煤油试验检查，未发现渗漏现象。X 射线检查，未发现裂纹、气孔等超标缺陷，没有发现焊漏堵塞通道。

表 7 - 27　S211 焊丝氩弧 - 钎焊参数表

焊接电流	焊接速度/（m/h）	气体流量/（L/min）	钨极直径/mm
$I_峰 = 56～70A$，$I_基 = 11～14A$，频率 = 3～4 次/s	8～10	6～8	$\Phi 1.0$

图 7 - 31　焊缝外观形貌

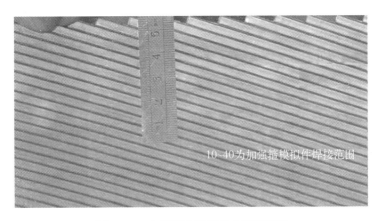

图 7 - 32　加强箍连续焊后内型面测量

　　金相检查宏观照片如图 7 - 33 所示，由图可知母材与焊缝之间
有一明显的熔合过渡区，其在宏观上是一条很窄的区域；其两侧的
焊缝和母材区域明了清晰。该扩散区的存在，使焊缝和母材结合较
好，保证了焊缝强度和整个焊接接头的一致性。热影响区的晶粒度
为 5 ~ 6 级，组织为奥氏体，母材晶粒度为 7 级，组织为奥氏体。说
明该种焊接方法的相对热输入量很小，在焊接过程中并未导致热影
响区晶粒的严重长大。

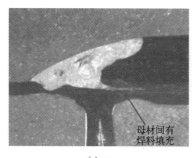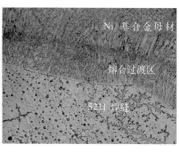

(a)14×　　　　　　　　　　　(b)100×

图 7 - 33　S211 焊缝宏观形貌

对焊缝边缘进行能谱分析，分析结果见表 7 - 28。

表 7 - 28　焊缝边缘的主要化学成分能谱分析表

成分	Si	Cr	Fe	Ni	Cu
质量百分比/%	3.55	6.76	3.78	29.29	56.62
	7.75	13.75	6.13	41.04	31.33

由能谱分析得出的成分数据可以看出，焊接材料和母材的各元素之间发生了一定程度的扩散反应，且在该区域形成了一定数量的 FeCrNiCuSi 固溶体组织，此类组织把焊缝和母材紧密地联结在一起，有效地保证了焊接接头的强度。

图 7 - 34 为 Ni62 焊丝氩弧钎焊后的接头常温和高温力学性能，试验数据见表 7 - 29。由表中数据可知 650℃高温状态下的抗拉强度数值是常温状态下的 72.2%，总体来说，高温强度损失并不明显，此强度完全能够满足产品强度要求。

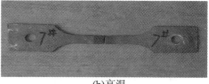

(a)常温　　　　　　　　　　(b)高温

图 7 - 34　拉伸试件

表 7 - 29　Ni62 焊丝氩弧 - 钎焊接头的力学性能

温度	常温	650℃
断裂强度 σ_b/MPa	697	503

针对喷管与加强箍手工氩弧焊采用的焊接工艺参数见表 7 - 30，焊缝外观形貌如图 7 - 35 所示。煤油试验检查，未发现渗漏现象。X 射线检查，未发现裂纹、气孔等超标缺陷，没有发现焊漏堵塞通道。

表 7 - 30　氩弧焊焊接参数

焊接电源	焊接电流/A	焊接速度/(m/h)	气体流量/(L/min)	钨极直径/mm
Miller350	$I = 50 \sim 70$	7.8	$6 \sim 8$	$\Phi 1.0$

图 7 - 35　焊缝外观形貌

金相检查宏观照片如图 7 - 36 所示。从宏观照片中可以看出，焊缝和热影响区组织均为奥氏体组织，晶粒有一定程度的长大，结晶组织为树枝状，在焊接接头中具有较好的力学性能。

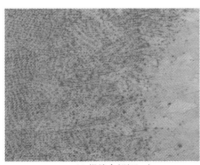

(a) 焊缝内部(50×)

(b) 热影响区(50×)

图 7 - 36　宏观形貌

焊接前用理论型面样板测量喷管的内型面与样板之间的间隙，焊接后再在同样的位置进行测量，同一位置焊接前、后间隙变化最大量为 1.9mm，具体数据见表 7 – 31。多数测量点的变形量都是在 1.0mm 以下，能够满足设计文件和使用要求。

表 7 – 31　TIG 焊接变形数据表

位置	I—Ⅱ象限(距Ⅰ象限角度)				Ⅱ—Ⅲ象限(距Ⅱ象限角度)			
	0°	22.5°	45°	67.5°	0°			
变化量	0.05	0.6	1.9	0.5	0.4			
位置	Ⅲ—Ⅳ象限(距Ⅲ象限角度)				Ⅳ—Ⅰ象限(距Ⅳ象限角度)			
	0°	22.5°	45°	67.5°	0°	22.5°	45°	67.5°
变化量	1.0	0.8	1.0	0.6	1.0	0	0.7	0.4

由上述结果可知手工氩弧 – 钎焊焊接变形小，接头的强度低；氩弧焊焊接变形较大，接头的强度高。两种方法均可满足设计要求，为了保证加强箍的正常焊接，开展 1∶1 产品焊接试验。制作了专用的焊接夹具，焊接胎采用分层结构，材料选用铝合金。一方面，通过焊接胎外型面支撑管束焊接组件的内型面，焊接过程中能在一定程度上减少焊接变形的产生，另一方面，铝合金胎体可以在一定程度上起到散热作用。为保证焊接质量，在工艺文件中详细规定了焊接顺序、焊接方向，以及详细的焊接工艺过程，包括分段焊缝的长度、焊缝间隔长度以及交错焊接等，可以有效保证加强箍的焊接质量并控制焊接变形。如图 7 – 37 所示，焊接按序号 1—8 的顺序依次进行焊接。

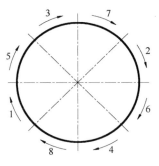

图 7 – 37　加强箍焊接顺序

　　第一件 1:1 产品采用了氩弧－钎焊的焊接方法，焊丝选用 S211。采用工艺试验的焊接参数焊接小端的加强箍，加强箍的下侧焊缝焊接完成后，并未发现焊缝有任何表面缺陷。待上方焊缝焊接完成后，经目视检查发现 S211 焊缝焊趾处有大量的裂纹存在。为了减小焊接应力，小端的第二件加强箍改用分段交错的方式焊接，焊接完成后经 10 倍放大镜检查，在焊趾处仍有裂纹存在，裂纹形貌如图 7－38 所示。

图 7－38　焊缝裂纹形貌

　　第一件 1:1 产品后续加强箍采用了氩弧焊，分段、交错的焊接方式。焊缝能够满足 QJ1842—95 Ⅰ级外观要求，三种加强箍焊后实物如图 7－39 ～图 7－41 所示。第二件产品的加强箍全部采用氩弧焊焊接，焊丝选用 Ni62，焊后产品经型面检测样板检查间隙在 4mm 以内。产品通过了液压、气密试验检查。

图 7－39　加强箍焊接实物

图 7－40　加强箍焊接实物

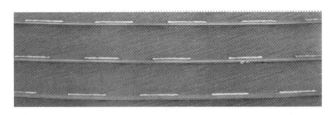

图 7 - 41　加强箍焊接实物

　　通过工艺研究和 1:1 产品焊接质量研究，选用 Ni62 焊丝手工焊接管束组件与加强箍，产品内型面与理论型面的误差在 4mm 之内，加强箍焊接后接头经外观检查合格，液压、气密试验合格，满足设计文件要求。

第8章 手工焊接质量控制

手工焊接质量受到焊接前、焊接过程人员设备等以及焊接后应力消除等因素影响。

8.1 手工焊接影响因素

8.1.1 操作人员因素

操作人员因素对焊接工作来说就是焊工，也包括焊接设备的操作人员。各种不同的焊接方法对焊工的依赖程度不同，手工操作占支配地位的手弧焊接，焊工操作技能的水平和谨慎认真的态度对焊接质量至关重要。即使自动焊，焊接规范的调整和施焊也离不开人的操作。焊工质量意识差、操作粗心大意、不遵守焊接工艺规程、操作技能差等都直接影响焊接质量。控制措施可以从以下几方面着手：加强"质量第一，用户第一，下道工序是用户"的质量意识教育，提高责任心和一丝不苟的工作作风，并建立质量责任制；定期进行岗位培训，从理论上认识执行工艺规程的重要性，从实践上提高操作技能；加强焊接工序的自检与专职检查；执行焊工考试制度，坚持持证上岗，建立焊工技术档案。

8.1.2 机器设备因素

机器设备因素对焊接来说就是各种焊接设备。焊接设备的稳定性与可靠性对焊接质量会产生一定影响，特别是结构复杂、机械化、自动化高的设备，对它的依赖性更高，要求具有更好、更稳定的性能。在压力容器质量体系中，要求建立包括焊接设备在内的各种在用设备的定期检查制度。包括以下几个方面：定期的维护、保养和检修；定期校验焊接设备上的电流表、电压表、气体流量计等计量仪表；建立设备状况的技术档案；建立设备使用人员责任制。

8.1.3　材料因素

　　材料因素包括被焊材料、焊接材料以及与产品配合使用的各种外购或外协加工的零部件。焊接生产中使用的材料质量是保证焊接产品质量的基础和前提。从全面质量管理的观点出发，为了保证焊接质量，从生产过程的起始阶段，即投料之前就要把好材料关。主要有以下一些控制措施：加强原材料的进厂验收和检验；建立严格的材料管理制度；实行材料标记移植制度，以达到材料的追溯性；择优选择信誉、质量好而且稳定的供应厂和协作厂进行订货和加工。

8.1.4　工艺方法因素

　　焊接质量对工艺方法的依赖性较强，在影响工序质量的各因素中占有更重要的地位。其影响主要来自两个方面：一方面是工艺制定的合理性；另一方面是执行工艺的严肃性。某一产品或某种材料的焊接工艺制定，首先要进行焊接工艺评定，然后根据评定合格的工艺评定报告和图样技术要求制订焊接工艺规程、编制焊接工艺说明书或焊接工艺卡。以书面形式表示的各种工艺参数是指导施焊的依据，是根据模拟生产条件所做的试验和长期积累的经验以及产品的具体技术要求而编制出来的，是保证焊接质量的基础。在此基础上需要保证的另一方面是贯彻执行焊接工艺的严肃性。在没有充分根据的情况下不得随意变更工艺参数，即使需要改变，也必须履行一定程序和手续。不正确的焊接工艺必然不能保证焊接质量，有了经评定验证是正确合理的工艺规程，不严格执行，同样也不能得到合格的质量，两者相辅相成，相互依赖，不能忽视或偏废任何一个方面。其主要控制措施有：按有关规定进行焊接工艺评定；选择有经验的焊接技术人员编制所需的工艺文件；加强施焊过程中的管理与检查；按要求制作焊接产品试板以检验工艺方法的正确性与合理性。

　　针对手工焊接，影响焊接质量的工艺参数主要有：焊前准备、焊材的选择、焊接电流、电弧电压、焊接速度、焊接层数等。

(1)焊前准备

焊前准备的内容，包括焊条、焊剂的烘干温度及保温时间；焊丝表面油、锈的清除，气体保护焊时气体的干燥；焊接坡口的清理，有焊前预热要求的产品焊前预热温度及加热方法；接头的组装、固定、夹紧或打底焊等。

①焊接坡口制备

埋弧焊焊缝坡口的制备对焊缝质量起着至关重要的作用。目前工业生产上使用的埋弧自动焊机大都是机械化焊接设备，焊机小车或工件转动等速运动，对坡口角度、钝边或间隙的误差不能通过随时调整焊接速度或其他规范参数来弥补坡口尺寸偏差。因此，在焊缝坡口的制备过程中应采取措施保证坡口加工尺寸符合标准规定，特别是钝边和间隙尺寸必须严加控制。对于重要的焊接结构(如锅炉、压力容器等)，焊缝坡口最好用机械加工方法制备，对无法用机械加工设备加工坡口的焊件，也应采用自动切割机或模切割机加工坡口。采用手工火焰切割或离子切割均不能保证标准要求的坡口尺寸，除非切割后再用砂轮修磨整形，但这种手工修整又费时费工。因此，焊接坡口正确的加工方法、加工程度要求以及严格的工序检查，无论是对保证埋弧焊质量，还是降低生产成本，缩短制造周期都是十分重要的。如果坡口尺寸、钝边、间隙、坡口倾角或 U 形坡口底部圆弧半径 R 等超出了容许的误差，就可能出现烧穿、未焊透、余高过大或过小、未熔合和夹渣等缺陷，焊后必须返修而降低了生产效率。焊接坡口的表面状态对焊缝质量也很重要，不应忽视。坡口表面如残留锈斑、氧化皮、气割残渣、潮气和油污等，都可能在焊缝中引起气孔，对此，焊接操作者在焊接之前应仔细检查焊缝坡口表面状况，发现锈蚀必须用砂轮打磨清除，对于油污则应用丙酮擦净，对于潮气应用火焰加热烘干，防止焊缝中产生气孔。在低合金钢和不锈钢的焊接中，焊接坡口的清理更为重要，坡口表面的锈蚀和水分油污不但会引起气孔，还可能产生氢致裂纹、焊缝增碳，甚至降低不锈钢焊接接头的耐蚀性和低合金钢接头的力学性能，故应特别注意。

②焊材准备

埋弧焊用焊材(焊剂和焊丝)焊前应作适当的处理。碳钢埋弧焊时，焊剂在焊前应进行 300～500℃的烘干，以消除焊剂中水分，防止焊接过程中产生气孔。低合金钢埋弧焊时，碱性焊剂应在 400～450℃温度下烘干，消除焊剂中的结晶水，降低焊缝中的氢含量，保证焊缝不出现白点、氢致裂纹等缺陷。焊剂在焊前彻底烘干是低合金钢埋弧焊焊前准备工作的重要环节。在实际生产中，经常出现因焊剂未烘干或烘干不良而导致焊缝或热影响区导致氢致裂纹的发生。在湿度较大（超过 85%）的工作环境下，熔炼焊剂在大气中存放 24h，烧结焊剂在大气中存放 8h 后就应按规定的烘干制度重新烘干。碳钢和低合金钢埋弧焊焊丝表面应保持光洁，对于油、锈和其他有害涂料，焊前应清除干净，否则也可能导致焊缝出现气孔。不锈钢埋弧焊焊丝表面应采用丙酮、汽油等溶剂彻底清除油污。在厚板焊接中，焊丝消耗量相当大，通用埋弧焊机的焊丝盘容量一般较小，为减少焊缝接头数量，节省更换焊丝的辅助时间，推荐采用大盘焊丝，焊前需将焊丝重新缠绕成盘，在焊丝缠绕过程中同时清锈除油。

③接头装配

埋弧焊接头的装配质量对焊接质量有很大影响。对接接头的间隙和错边在很大程度上影响着焊缝的焊透和外表成型，焊前应仔细检查。接头的装配误差主要取决于划线、下料、成型和坡口加工的精度。因此，接头的装配质量是通过严格控制前道工序的加工偏差来保证的。焊接接头的错边应控制在容许范围之内，错边超差，不仅影响焊缝外形，而且还会引起咬边、夹渣等缺陷。接头的错边量应控制在不超过接头板厚的 10%，最大不超过 3mm。以在单面焊双面成型焊为例，在同一条焊缝上装配间隙的误差不应超过 1mm，否则就很难保证单面焊双面成型焊缝均匀焊透。对于需加衬垫的焊接接头，固定垫板的装配固定十分重要，应保证垫板与接头的背面完全贴紧。使用焊剂垫时，应将焊剂垫对钢板的压紧力调整到合适的范围，与所用的焊接规范参数相适应。如果焊剂垫的顶压力超过电弧的穿透力，则可能形成内凹，超过标准规定的焊缝；反之，则会形成焊瘤等缺陷。对于需焊条电弧焊封底的埋弧焊接头，推荐采用 E5015 或 E5016 等低氢碱性药皮焊条，而不用 E4313、E4303 等酸性药皮焊条，因为埋弧焊焊缝与酸性焊条焊缝金属混合后往往会出现气孔。封底焊缝的质量应完全符合对主焊缝的质量要求，不符合质量要求的封底焊缝，应采用电弧气刨或其他方法清除后重新按规定的工艺焊接。

（2）焊条的选择

①焊条牌号的选择

通常根据所焊钢材的化学成分、力学性能、工作环境等方面的要求，以及焊接结构承载的情况和弧焊设备的条件等综合考虑，选择合适的焊条牌号，从而保证焊缝金属的性能要求。

②焊条直径的选择

焊条直径大小的选择与下列因素有关：焊件厚度大于 5mm 应选择 $\Phi4.0$、$\Phi5.0mm$ 直径的焊条；反之，薄焊件的焊接，则应选用 $\Phi3.2$、$\Phi2.5mm$ 直径的焊条；在板厚相同的条件下，平焊时选用的焊条直径比其他位置焊缝大一些，但一般不超过 $\Phi5mm$，立焊一般使用 $\Phi3.2$、$\Phi4.0mm$ 直径的焊条；仰焊、横焊时，为避免熔化金属的下淌，得到较小的熔池，选用的焊条直径不超过 $\Phi4mm$；进行多层焊时，为保证第一层焊道根部焊透，打底焊应选用直径较小的焊条进行焊接，以后各层可选用较大直径的焊条；搭接接头、T 形接头因不存在全焊透问题，所以应选用较大的焊条直径，以提高生产效率。

（3）焊接电流

焊接时，适当地加大焊接电流，可以加快焊条的熔化速度，从而提高工作效率。但是过大的焊接电流，会造成焊缝咬边、焊瘤、烧穿等缺陷，而且金属组织还会因过热发生性能变化。电流过小则易造成夹渣、未焊透等缺陷，降低了焊接接头的力学性能，所以应选择合适的焊接电流。选择焊接电流的主要依据是焊条直径、焊缝位置、焊条类型、焊接经验和焊接试验。

①根据焊条直径选择

焊条直径一旦确定下来，也就限定了焊接电流的选择范围。因为不同的焊条直径均有不同的许用焊接电流范围，若超出许用范围，就会直接影响焊件的力学性能。

②根据焊缝位置选择

在相同焊条直径条件下，平焊时，熔池中的熔化金属容易控制，可以适当地选择较大的焊接电流，立焊和横焊时的焊接电流比平焊时应减小 10% ~ 15%，而仰焊时要比平焊时减小 10% ~ 20%。

③根据焊条类型选择

在焊条直径相同时，奥氏体不锈钢焊条使用的焊接电流要比碳钢焊条小些，否则会因其焊芯电阻过热过大使焊条药皮过热而脱落；碱性焊条要比酸性焊条使用的焊接电流小一些，否则，焊缝中易形成气孔。

④根据焊接经验选择

焊接电流过大时：焊接爆裂声大，熔滴向熔池外飞溅；而且熔池也大，焊缝成型宽而低，容易产生烧穿、焊瘤、咬边等缺陷；运条过程中熔渣不能覆盖熔池起保护作用，而使熔池裸露在外，造成焊缝成型波纹粗糙；过大的电流使焊条熔化到大半根时，余下部分焊条均已发红。

焊接电流过小时：焊缝窄而高，熔池浅，熔合不良，会产生未焊透、夹渣等缺陷；还会出现熔渣超前，与液态金属分不清；有时焊条会与焊件粘结。

合适的焊接电流：熔池中会发出煎鱼般的声音；运条过程中，以正常的焊接速度移动，熔渣会半盖半露着熔池，液态金属和熔渣容易分清；焊缝金属与母材呈圆滑过渡，熔合良好；在操作过程中，有得心应手之感。

(4) 电弧电压

手弧焊时的电弧电压主要由电弧长度来决定。电弧长，电弧电压就高；电弧短，电弧电压就低。在焊接过程中，电弧过长电弧燃烧不稳定，飞溅增多，焊缝成型不易控制。尤其对熔化金属的保护不利，有害气体的侵入，直接影响焊缝金属的力学性能。因此，焊接时应该使用短弧焊接，所谓短弧一般认为是焊条直径的 0.5 ~ 1.0 倍。

(5) 焊接速度

单位时间内完成的焊缝长度称为焊接速度。对于手弧焊来说焊接速度是由焊工操作决定的，直接影响焊缝成型的优劣和焊接生产率。焊接速度和电弧电压应在焊接过程中根据焊件的要求，凭焊工的焊接经验来灵活掌握。

（6）焊接层数

当焊件较厚时，往往需要多层焊。多层焊时，后层焊道对前一层焊道重新加热和部分熔合，可以消除后者存在的偏析、夹渣及一些气孔，同时后层焊道还对前层焊道有热处理作用，能改善焊缝的金属组织，提高焊缝的力学性能。因此，对一些重要的结构，焊接层数多些为好，每层厚度最好不大于4mm。

（7）线能量

线能量是指熔焊时，由焊接能源输入给单位长度焊缝上的能量。电弧焊时，焊接能源是电弧。通过电弧将电能转换为热能，利用热能来加热和熔化焊条及焊件。实际上电弧所产生的热量总有一些损耗，例如飞溅带走的热量，辐射、对流到周围空间的热量，熔渣加热和蒸发所消耗的热量等，即电弧功率中有一部分能量损失。

8.1.5　焊接环境因素

焊接质量对环境的依赖性也是很大的。由于焊接操作常常在室外露天进行，必然受到外界自然条件，如温度、湿度、风力及雨雪天气的影响，在其他因素一定的情况下，有可能单纯因环境因素造成焊接质量问题。环境因素的控制措施比较简单，当环境条件不符合规定要求时，如风力较大或雨雪天气可暂时停止焊接工作或采取有效防护措施后再进行焊接，过低的气温可对工件适当预热等。

影响焊接质量的因素概括为以上五个方面，这是从大的方面说，而每一个大因素又可分为若干小因素，每一个小因素还可以分解成更小的因素。将各种因素罗列出来并绘成一种称为因果图的形式，即各种可能导致产生某种后果的原因，按主次依次排列出来，这种图形也称为鱼刺图。它是一种进行质量分析的工具，根据长期实践经验，将影响质量的各因素都归纳于图中，一旦出现质量事故，在查找原因时可从因果图中逐一分析，逐一排除，最终总会查出造成焊接质量不合格的一个或几个原因，并在以后的焊接工作中予以纠正和排除。

8.2　手工焊缝应力控制

8.2.1　焊接应力种类

由于焊接过程中的受热、冷却速度、结构等因素影响，在焊接结构中通常存在较多的焊接应力。按其产生原因和性质可分为：热应力、拘束应力、相变应力、氢致应力以及焊接残余应力。

（1）热应力

焊接过程中不均匀加热和冷却而引起的应力，是焊接过程中变化的瞬时应力。

（2）拘束应力

焊接过程中由于结构本身或外加拘束作用而引起的应力，如刚性工装或刚性结构件。

（3）相变应力

焊接过程中由于接头区产生不均匀的组织转变而引起的应力，如马氏体转变。

（4）氢致应力

焊接以后焊接接头区由于扩散氢聚集在显微缺陷处而引起的局部应力。

（5）焊接残余应力

焊接以后存在于结构内部的应力。

焊接应力的大小与焊接材料、焊接环境温度、结构、焊接工艺、线能量、焊接顺序、焊接工装等因素有关，各类焊接应力存在叠加或消除的可能。

8.2.2　焊接应力的危害

焊接过程中或焊接后，某些应力的叠加达到一定程度后，极易对焊接结构件造成质量隐患。

1）焊接裂纹。在温度、组织及结构刚性拘束度的相互作用下，焊接应力达到一定值后将造成热裂纹、冷裂纹及再热裂纹，对结构件的焊接质量产生潜在的危害，甚至导致结构件的报废。

2）降低结构件承载能力。由于焊接应力的影响，易造成结构件的强度降低、塑性变形等安全问题。

3）应力腐蚀。拉伸残余应力的存在，使工作在腐蚀介质中的结构产生应力腐蚀开裂，引起应力腐蚀和低应力脆断。

4）结构尺寸失稳。焊后加工易造成内应力平衡的破坏，引起结构件变形或加工尺寸不稳定。

为降低应力带来的危害，通常采取相应措施降低或消除焊接应力：采用合理的焊接顺序和方向；尽量采用小的焊接线能量；采用整体预热；锤击法；降低氢的影响；消除应力处理。

1）采用合理的焊接顺序和方向。基本原则是焊接平面上的焊缝时，应使纵、横向收缩都比较自由，结构中收缩量最大的焊缝应先焊，如先焊对接焊缝后焊角接焊缝；焊交叉焊缝时，焊接顺序应保证交叉点部位不易产生缺陷，且刚性较小。

2）尽量采用小的焊接线能量。小的焊接线能量可以减少不均匀加热区的范围及焊缝收缩量。通常手工操作可采用小直径焊条/焊丝、多层多道焊等焊接手段。

3）采用整体预热。整体预热可以减少焊接接头区与结构整体之间的温度差，以减少焊接热循环中不均匀的热胀收缩带来的应力及其造成的结构件变形等问题。

4）锤击法。焊后对焊道迅速均匀地锤击，通过金属的变形来释放焊接过程中造成的焊接应力。

5）降低氢的影响。主要针对具有冷裂倾向的高强度合金钢，通常对焊条或焊剂进行约束，保证焊接时的干燥。

6）消除应力处理。消除焊接残余应力是通过使焊接区附近产生拉伸塑性变形，来减小残余塑性变形程度。

8.2.3　焊后热处理

焊后热处理对金属抗拉强度、蠕变极限的影响与热处理的温度和保温时间有关。焊后热处理对焊缝金属冲击韧性的影响随钢种不同而不同。

焊后热处理一般选用单 ·高温回火或正火加高温回火处理。对于气焊焊口采用正火加高温回火热处理。这是因为气焊的焊缝及热影响区的晶粒粗大，需要细化晶粒，故采用正火处理。然而单一的正火不能消除残余应力，故需再加高温回火以消除应力。单一的中温回火只适用于工地拼装的大型普通低碳钢容器的组装焊接，其目的是为了达到部分消除残余应力和去氢。绝大多数场合是选用单一的高温回火。热处理的加热和冷却不宜过快，力求内外壁均匀。

(1)燃料加热法

所用燃料可以是固体(煤)、液体(油)和气体(煤气、天然气、液化石油气)。

1)燃煤加热。煤的资源丰富，燃煤反射炉在热处理加热方法中有过一定的地位。煤的性质和反射炉的结构，决定了煤不易完全燃烧，因而煤炉热效率低，加热质量和劳动条件差，煤烟污染环境。这些缺点，使得燃煤加热法逐渐被其他加热方法所取代。

2)液体燃料加热。主要使用重柴油作燃料，适用于大型加热炉加热，也用于外热式盐浴炉的加热，一般在炉子加热室外墙一侧或两侧安装喷嘴。液体燃料用于加热外热式盐浴炉时，喷嘴则安装在坩埚外的炉壳上。液体燃料在喷嘴中与空气混合，并在压缩空气的作用下雾化，然后喷出喷嘴，在加热室中(或在盐浴炉的坩埚外)燃烧，以加热工件(或坩埚)。喷嘴的合理设计与布置，对保持炉温均匀、节省燃料起着关键作用。喷嘴喷出的雾化油也可以在炉内的辐射管中燃烧，加热辐射管以间接加热工件。燃油比燃煤容易控制加热温度，适用于大件整体的加热和供油量充足的地区。

3)气体燃料加热。在喷嘴中，气体与一定比例的空气混合后喷出燃烧。这种方法可直接加热放在加热室中的工件，也可以把火焰喷入装在加热室中的辐射管，间接加热工件。用于盐浴炉时，喷嘴装在坩埚外的炉壳上，火焰射向坩埚外侧以加热熔盐。用于加热的气体燃料有煤气、天然气和液化石油气等。调节空气与气体的比值可以获得氧化或还原的燃烧气氛，从而减少工件加热时的氧化脱碳程度。这种加热方法适用于大件整体加热和燃气供应充足的地区。

4) 另一种方式是用喷嘴的火焰直接加热工件表面，这时喷嘴和工件做相对移动，所用气体为氧－乙炔、氧－丙烷、氧－甲烷等。这种加热方法即火焰淬火，适用于工件的表面淬火。

(2) 电加热法

以电为热源，通过各种方法使电能转变为热能以加热工件。电加热时，温度易于控制，无环境污染，热效率高。电加热有多种方法。

1) 电热元件加热。利用工频 (50～60Hz) 交变电流通过电热元件时产生的电阻热加热工件。电热元件常布置在加热室内四周或两侧，以保证加热室内温度均匀；也有把元件装在辐射管内对工件间接加热的。对于外热盐浴炉或金属浴炉，则把电热元件布置在坩埚外、壳体内的空间。这种加热方法也可用于氧化铝粒子的浮动粒子炉。它适用于工件整体加热和电能充足的地区。

2) 工件电阻加热。降压后的交变电流直接通过工件，由工件本身电阻产生热量使工件温度提高。这种方法适用于对截面均匀的工件进行整体加热。还有一种方式是利用滚动铜轮压在金属工件上，通以低电压大电流的交变电流，利用铜轮与工件间的接触电阻产生热量而加热工件表面。

3) 工件感应加热。把工件放在一个螺旋线圈内，线圈中通以一定频率 (一般高于工频) 的交流电，使放在线圈中的工件产生涡流电流，利用工件本身的电阻产生热量而被加热。这种加热的深度可随电流频率提高而变浅，称为感应加热热处理。感应加热主要用于加热工件表面，但采用较低频率而工件直径又小时，也可以进行整体加热。这种加热方法效率高，耗电少，多用于中、小零件的加热淬火。

4) 加热介质电阻加热。将工业频率的低压交变电流导入埋在介质中的电极，利用电流流过介质时产生的电阻热使介质本身达到高温。工件放在这种高温介质中进行加热，可以减少或避免氧化脱碳。这种介质都是导电体，如盐、石墨粒子等。加热炉的炉型有内热式盐浴炉和石墨浮动粒了炉。这种加热方法主要用于中、小零件的加热淬火。

（3）能源加热法

以很大的功率密度加热工件表面，加热时间以毫秒计，功率密度可达 10 ~ 10W/cm，采用的热源有太阳能、激光束和电子束等。

1）太阳能加热。以聚光式太阳能加热器加热工件。

2）激光束加热。利用 CO_2 连续激光发生器产生的激光，经过聚焦产生高温射束照射工件，使工件局部表面薄层瞬时达到淬火温度或熔化温度。照射停止后，表面热量迅速传入基底材料而使表面淬硬或迅速凝固。利用激光束加热的工艺有相变硬化、表面"上光"、表面合金化等。

3）电子束加热。利用高速运动的电子轰击工件表面，使很高的动能迅速转变为热能，将工件表面温度迅速提高到淬火温度或熔化温度。照射停止后，表面热量在瞬时间即可传入冷态的基底材料而淬硬或迅速凝固。与激光加热一样，电子束加热的工艺也有相变硬化、表面"上光"和表面合金化等。由于加热需要在真空室内进行，工件批量受到一定限制，但热效率较高。

8.3　手工焊接变形控制

8.3.1　焊接变形的种类

（1）线收缩变形

由焊缝纵向横向收缩所引起结构尺寸的相应缩短。

（2）角变形

焊缝截面形状不对称或施焊层次不合理，引起焊缝在厚度上横向收缩量不一致所产生的变形。

（3）弯曲变形

结构上焊缝分布不对称或焊件断面形状不对称，焊缝的纵向或横向收缩引起结构轴线弯曲所产生的变形。

（4）波浪变形

焊缝纵、横向收缩使结构拘束度较小的部位受压失去稳定而引起的变形。

（5）扭曲变形

由于装配不良，施焊顺序不合理，焊缝纵、横向收缩不均匀引起的结构扭曲。

8.3.2　焊接变形的危害

焊接变形的危害主要是降低装配质量，影响结构的承载能力，在外载作用下将会产生应力集中和附加应力，降低结构的安全系数。

8.3.3　焊接变形防止措施

焊接变形主要以预防为主，矫形为辅，尤其是刚性大的结构件基本无法矫形。主要措施有：

（1）设计措施

设计措施主要是降低焊角尺寸、合理分配焊缝位置、合理选择焊缝尺寸、优化焊缝数量、优选对称焊缝。

（2）预留收缩余量

依据焊缝的结构和宽度，预留一定横向收缩和纵向收缩余量。针对手工焊，自由状态下的焊缝，同一条对接焊缝横向收缩仅相当于纵向收缩量 2 倍以上，且对接比角接收缩量大，连续焊比断续焊收缩量大，因此，焊缝不长时主要考虑横向收缩，其收缩量与接头、坡口、板厚等有关。

（3）反变形

主要是针对焊接结构件预估或仿真模拟焊接结构件的变形大小和方向，先反向变形，使焊后与焊接变形相抵消，达到焊后无需校形满足设计要求。

（4）刚性工装

通过外加工装增加焊接结构件的刚性，减小焊接过程中的焊接变形。

（5）装配焊接次序

针对焊接易造成焊接变形较大的焊缝，采用较为自由状态下焊接，同时控制结构件的整体结构满足要求。

（6）热调整

通过合理选择焊接方法、焊接工艺参数以及焊接顺序，调整热量分布。

8.4　焊接操作方法的控制

8.4.1　普通单一焊接接头形式结构的焊接

普通单一焊接接头形式结构的焊接主要是指同种材料相同厚度的基本焊接接头结构形式的焊接。

焊接接头的基本形式有四种：对接接头、T形接头、角接接头和搭接接头。

对接接头是将两块钢板的边缘相对配置，并使其表面成一直线而结合的接头。这种接头能承受较大的静力和震动载荷，所以是焊接结构中最常用的接头形式。其焊接过程易于控制，易于获得优良的焊接接头质量。

T形接头是两个构件相互垂直或倾斜成一定角度而形成的焊接接头。这种接头焊接操作时比较困难，整个接头承受载荷的能力，特别是承受震动载荷的能力比较差。由于结构件组成的复杂多样性，这种接头在焊接结构中也是较为常见的形式之一。焊接过程需要经过严格的校核计算，并在具体的工程实践中按照设计和工艺文件要求严格执行。

角接接头是将两块钢板配置成直角或某一定的角度，而在板的顶端边缘上焊接的接头。角接接头不仅用于板与板之间的有角度连接，也常用于管与板之间，或管与管之间的有角度连接，焊接过程具有与T形接头相似的操作特点。

搭接接头是将两块钢板相叠，而在相叠端的边缘采用塞焊、开槽焊进行焊接的接头形式。这种接头的强度较低，只能用于不太重

要的焊接构件中。但由于火箭发动机产品的特殊需求，搭接焊缝也
成为关键焊缝，所以，焊接过程也需严格把握设计技术要求和相关
工艺技术要求，确保焊缝成型系数。

8.4.2　普通复合焊接接头形式结构的焊接

普通复合焊接接头形式结构，是由产品结构的使用需求而设计
采用的两种或两种以上的基本焊接接头结构形式组合形成的焊接接
头。例如：对接接头与角接接头组合形成的焊接接头结构形式，T
形接头与搭接接头组成的焊接接头结构形式，对接、角接和搭接的
组合焊接接头结构形式，以及角接、搭接、T 形接组成的焊接接头
形式结构等，复合焊接接头形式结构由于组合形式较为复杂，因此，
其接头受力状态、应力趋向也较为复杂，操作中需要采用对应的控
制方法才能获得良好的使用效果。

8.4.3　焊接可达性差结构的焊接

随着火箭发动机性能的不断提升，为适应复杂应用的需求，焊
接结构设置也越来越复杂，尤其是为了满足结构承载力的需求，火
箭发动机内、外部结构，传力板筋及泵支架等纵横交错，其间，还
存在封闭式的焊接结构，使施焊过程中焊接可达性差的问题愈加
突出。

焊接结构的可达性：焊接结构顾名思义就是通过焊接方法制造
的结构，可达性包括焊接的可达性和焊接质量检验的可达性。

焊接的可达性：要使每条焊缝都能施焊，就必须保证焊缝周围
有供焊工自由操作和焊接装置正常运行的条件。

焊缝质量检验的可达性：就是要保证所采用的探伤检测手段，
能顺利地实施和应用在被检测焊接结构的具体操作中。

对可达性差的焊接结构一般通过焊接方法、组焊顺序、结构优
化、开设工艺孔及焊具小型化等方法，单一或互相结合地予以
解决。

8.4.4　操作姿态难度高结构的焊接

现代火箭发动机逐渐朝着压力高，比推大的方向发展，其产品也越来越大型化和复杂化。由于结构和焊接特性的要求，需要使产品或施焊处处于较理想的位置和姿态，而空间位置的变化和限制也给操作人员带来了很多调整和限制，有时需要难度很高的姿态调整，才能满足施焊要求，从而保证焊接节点的焊接质量。

对操作姿态难度高的焊接，一是通过改进焊接设备和焊接工装来延伸或扩大施焊处的限制范围，二是通过技能培训提高操作人员的技术能力，以满足操作姿态难度高结构焊接的需要，三是通过技术创新降低操作姿态难度，四是严格固化难操作产品的相关操作流程和规范，以确保难操作施焊处的焊接质量。

8.4.5　焊接可视性差结构的焊接

由于使用要求和应用工况的复杂，火箭发动机结构复杂多变，各功能结构间相互干扰较多，一直存在着其结构在焊接过程中对施焊处的局部区域难于有效观测施焊过程的问题，难于有效控制焊接过程和质量，这类结构即焊接可视性差结构。

对于解决这类结构的焊接问题，一般也需要从产品优化的角度去考虑，即设计、工艺与工艺流程，以及操作过程的优化等。但由于发动机产品各应用结构空间位置限制，虽然尽最大努力去规避这一问题，仍有局部位置的施焊处处于视线遮挡或半遮挡状态，对于这种存在焊接操作可视性极限点问题，除了采用产品优化的方法外，还可以采用镜像法和盲焊法去解决。

（1）镜像法

利用反射镜影像进行焊接操作的控制方法。

（2）盲焊法

利用焊具与产品的相对距离，并参照正常的焊接熔融时间进行非观测点施焊的操作方法，或是有支撑依靠进行非观测点施焊的操作方法。

8.4.6 非对称导热结构的焊接

非对称导热结构的焊接,顾名思义就是在待焊材料或产品结构两边,存在材料导热系数的差异和产品结构不对称带来的导热比值差别。火箭发动机的焊接中存在着大量的非对称导热结构,在具体的焊接实践中应采用经过严格考核,并经过成熟工艺试验的、可靠的焊接工艺方法和手段,保证实施过程和结构连接的高可靠性。

对于非对称导热结构的焊接,一般采用电弧热量偏置法、工艺结构减缓法、增加电弧热熔性工艺法和高能束效能集中法。

1)电弧热量偏置法。将电弧压低并使电弧及热量尽量多地作用于导热性好的结构或材料一侧,形成稳定、可靠连接的焊接方法。

2)工艺结构减缓法。利用附加导热装置或开工艺减缓槽(孔)的方法来平衡由于材料或结构导热性差异带来的电弧熔融不均衡的焊接方法。

3)增加电弧热熔性工艺法。利用可增加电弧热量的富氩保护气体($Ar + H_2$、$Ar + He$)等或熔剂焊接,来减弱由材料及结构导热性差异引起的焊接熔融过程不均匀的焊接方法。

4)高能束效能集中法。利用激光、电子束、等离子、超声、电磁等高能束效能集中的焊接方法,可以避免由于导热性差异造成焊接能量偏移,进而引起不稳定的连接。

8.4.7 大壁厚差焊接结构的焊接

大壁厚差焊接结构是指待焊接头壁厚差相差较大(几倍、十几倍甚至是几十倍)的一种结构。一般情况下此类焊接接头既要满足不同部段性能的使用要求,又要满足设计和焊接标准的要求。因此,必须采用对应的工艺措施才能保证产品焊接接头处于稳定可靠的状态。

在火箭发动机产品制造中,存在大量的大壁厚差焊接结构,如火箭发动机系统中推力室、喷管和各类泵、阀组件上的波纹管、膜盒等产品,都存在着大壁厚差焊接结构的焊接接头。对于这类焊接接头,一般也应从设计、工艺、操作等方面去控制,以获得符合产品使用要求的焊接接头。

1）设计方面。由于大壁厚差焊接结构的焊接接头本身就存在着很大的操作控制难度，因此，从焊接接头结构布局的角度来讲，就应该着重考虑焊接操作过程中的可达性和可操作性（易于控制的焊接形式和焊接位置）问题，把此类焊接接头设计在操作空间位置比较开敞，易于操作人员进行焊接过程控制，比较舒适的焊接观测和控制位置。例如：对接平焊和横焊位置，尽量不要采用其他接头形式的立焊和仰焊位置（焊接操作位置选用难度顺序依次为平、横、立、仰）。

2）工艺方面。从工艺结构、工艺方法到装配工艺等方面都应该进行很好的协调和组合运用，才能获得可靠的工艺技术保障。一是利用结构的工艺控制，尽量减少焊接接头结构的厚薄差趋势。二是尽量采用电弧热量能束高的焊接方式，如高能束焊接和富氩焊接等来规避焊接热输入带来的影响。三是通过装配工艺、焊接工装等来防止装配间隙和焊接变形的影响。

3）操作方面。无论采用哪种焊接方法，都应该在操作过程中严格控制大壁厚差焊接接头的能量偏置问题。高能束焊接要注意束流的切入位置和角度，焊条或气体保护电弧焊则应采用短弧焊与电弧热量偏置控制相结合的方法，在尽量压低电弧的前提下，根据焊接接头厚薄差热输入量的需求来决定电弧偏置到焊接接头壁厚结构一侧的位移量。

8.4.8　材料焊接性差结构的焊接

焊接性是指金属材料在采用一定的焊接工艺包括焊接方法、焊接材料、焊接规范及焊接结构形式等条件下，获得优良焊接接头的难易程度。焊接性能包括两方面的内容。

（1）熔合性能

金属材料在一定焊接工艺条件下，形成焊接缺陷的敏感性。决定熔合性能的因素有工件材料的物理性能，如熔点、导热率和膨胀率，工件和焊接材料在焊接时的化学性能和冶金作用等。当某种材料在焊接过程中经历物理、化学和冶金作用而形成没有焊接缺陷的焊接接头时，这种材料就被认为具有良好的熔合性能。

（2）使用性能

某金属材料在一定的焊接工艺条件下其焊接接头对使用要求的适应性，也就是焊接接头承受载荷的能力，如承受静载荷、冲击载荷和疲劳载荷等，以及焊接接头的抗低温性能、高温性能和抗氧化、抗腐蚀性能等。

对于钢材来讲，焊接性能的好坏主要取决于它的化学组成。而其中影响最大的是碳元素，含碳量的多少决定了它的焊接性。钢中含碳量增加，淬硬倾向就增大，塑性则下降，容易产生焊接裂纹。通常，把金属材料在焊接时产生裂纹的敏感性及焊接接头区力学性能的变化作为评价材料焊接性的主要指标，含碳量越高，材料的焊接性越差。所以，常把钢中含碳量的多少作为判别钢材焊接性的主要标志。含碳量小于 0.25% 的低碳钢和低合金钢，塑性和冲击韧性优良，焊后的焊接接头塑性和冲击韧性也很好，焊接时不需要预热和焊后热处理，焊接过程普遍简便，具有良好的焊接性。随着含碳量增加，焊接的裂纹倾向大大增加，所以，含碳量大于 0.25% 的钢材不应用于制造锅炉、压力容器的承压元件。

材料的焊接性主要采用碳当量估算，其经验公式：

$$W = W(C) + 1/6[W(Mn)] + 1/5[W(Cr) + W(Mo) + W(V)] + 1/15[W(Ni) + W(Cu)]$$

根据经验，当 W 小于 0.4% ~0.6% 时，钢的焊接性良好，应考虑预热；当 W 等于 0.4% ~0.6% 时，焊接性相对较差；当 W 大于 0.4% ~0.6% 时，焊接性很不好，必须预热到较高温度。

针对以上分析，解决材料焊接性差结构的方法应从以下两个方面考虑：一是靠加热焊接来改善焊接温度场的影响或材料的组织结构和机械性能。二是通过控制焊接填充材料（焊条、焊丝）化学成分，改善焊缝金属冶金过程和金相组织变化。实践中往往采用二者兼用的方法，来解决材料焊接性差结构的焊接难题。当材料碳当量 W 小于 0.4% ~0.6% 时，一般应考虑减小焊接热输入、减小焊接结构应力的操作方法来控制焊接裂纹倾向。

8.5　手工焊缝检测控制

8.5.1　X射线检测手段

手工焊缝常见的内部质量无损检测方法是X射线无损检测技术，X射线检测是基于被检件透入射线的不同吸收来检测零件内部缺陷的无损检测方法。零件各部分密度差异和厚度变化，或者由于成分改变导致的吸收特性差异，零件的不同部位会吸收不同量的透入射线，这些透入射线吸收量的变化，通过底片记录透过试件未被吸收的射线而形成黑度不同的影像来鉴别。X射线源、被检工件、胶片之间不能有干扰射线透入结构，否则将无法评定底片影像黑度变化是被检工件本身引起的还是其他结构造成的，无法实现检测。

（1）影像识别

①加强交流

加强无损检测评片人员与设计员、工艺员、X光透照员之间的交流，全面熟悉相关情况。

1）了解焊接接头实际结构、相关尺寸；

2）对于特殊结构件，查看焊接装配的实际结构；

3）了解因装配或施焊等原因接头部件位置发生的变化，如错位、翘起等；

4）了解焊件返修情况；

5）了解焊接工艺；

6）了解该种焊接工艺缺陷情况；

7）了解透照情况（射线束、工件与胶片相对位置）及洗片情况。

②应区分以下对应关系

1）焊接接头结构与底片影像的关系；

2）底片影像的形状、黑度、位置、尺寸等与影像性质关系；

3）缺陷影像与结构性影像的区别；

4）内部缺陷与表面问题的区别；

5）缺陷与伪缺陷的区别。

③特殊影像性质判别

底片上对应焊缝根部中心位置存在连续性黑线，应判定为根部未焊透缺陷。

对于可造成焊渣、氧化物等焊接工艺，其底片上对应焊缝根部中心部位存在断续性的不明显的黑线，不属于未焊透缺陷，应为焊渣、氧化物残留在根部造成。

对于位于焊缝根部中心部位外的黑线，不会是未焊透缺陷影像。锁底焊结构黑线，其位置均不在焊缝根部中心，而未焊透影像位于焊缝中心，黑线位置是区分两者的最根本条件。

（2）典型缺陷影像

①裂纹

裂纹是在焊接应力及其他致脆因素共同作用下，焊接接头中局部地区的金属原子结合力遭到破坏而形成新界面所产生的缝隙。它具有尖锐缺口和大长宽比的特征。裂纹在底片上的影像为细黑线或者曲线，两端尖锐，有的成线性，有的成辐射线状，有的成簇状。典型裂纹影像底片如图 8-1 所示。

②未焊透

未焊透为焊接时接头根部未完全熔透的现象。对某些焊接接头，未焊透也指焊缝深度未达到设计要求。未焊透，X 光底片上焊缝根部存在连续或断续的黑直线或黑直条，影像两侧均为直边。典型未焊透影像底片如图 8-2 所示。

③气孔

气孔为焊接时熔池中的气体在凝固时未能逸出而残留下来所形成的空穴。气孔分分散气孔、连续（链状）气孔与密集气孔。气孔在底片上的影像，其黑度大于背景黑度，呈黑色的斑点状。典型气孔影像底片如图 8-3 所示。

④夹杂（夹钨）

夹杂是由于焊接冶金反应产生，焊后残留在焊缝金属中的杂质。夹杂物在底片上的影像，黑度大于背景黑度，呈黑色的不规则的斑点或条状。当夹杂物较小时，其影像难与气孔影像相区别。典型夹杂物影像底片如图 8-4 所示。

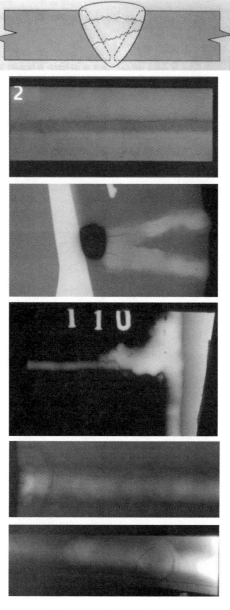

图 8-1 典型裂纹影像

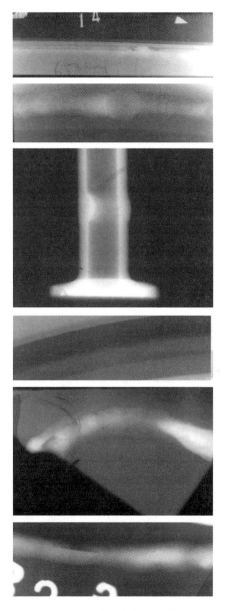

图 8 - 2　典型未焊透影像

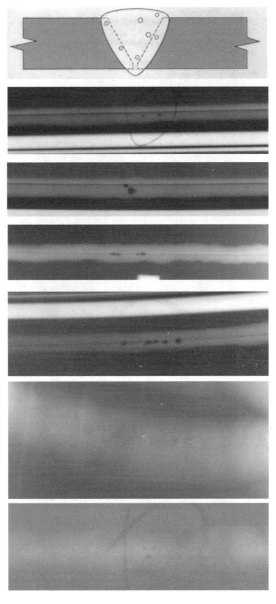

图 8 - 3　典型气孔影像

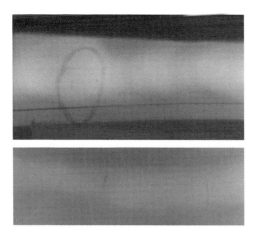

图 8 - 4　典型夹杂物影像

夹钨为钨极惰性气体保护焊时由钨极进入到焊缝中的钨粒。夹钨在底片上的影像，其色彩远白于背景黑度，呈亮白色斑点状。典型夹钨影像底片如图 8 - 5 所示。

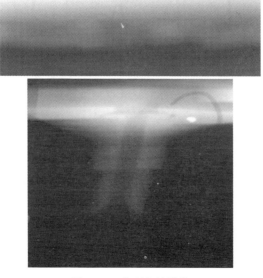

图 8 - 5　典型夹钨影像

⑤咬边

咬边为焊接过程中造成基本金属的熔蚀，如图8-6所示。

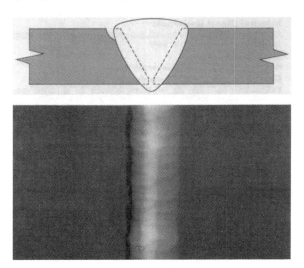

图8-6　典型咬边影像

⑥内部未熔合

内部未熔合无损检测示例如图8-7所示。

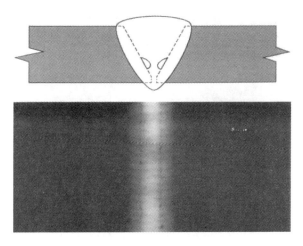

图8-7　典型未熔合影像

8.5.2　金相检测

焊接金相检测主要是观察、研究由于焊接热过程和冶金造成的金相组织变化和微观缺陷，从而评价焊接材料、焊接工艺等正确性的检测方法。

金相检测分为宏观金相检测和微观金相检测。宏观金相检测是通过宏观组织和宏观断口分析了解焊缝一次结晶组织的粗细程度、熔池形状、焊缝断口的形貌，用以判断焊缝的未熔合、气孔、裂纹、未焊透等缺陷的检测。通常宏观金相检测后，焊缝没有裂纹、疏松、未熔合等缺陷才能评定为合格；而微观金相检测是在光学或电子显微镜下进行分析，确定焊缝的内部微观缺陷的检测。

金相检测主要是一种破坏检测，无法对正式产品进行判定，为保证正式产品焊缝质量，通常采用旁证件的剖切金相检测，确认人员、工艺参数、设备和环境等因素是否合理。

8.5.3　超声波探伤

超声波探伤是采用频率高于 20000Hz 的电磁波，传入金属材料的内部，利用其在不同介质界面上能发生反射来检验工件内部质量的一种方法，是一种探测灵敏度很高的无损检测方法。其原理是超声波通过探测表面的耦合剂将超声波传入工件，超声波在工件中传播，遇到缺陷和工件地面就反射到探头，由探头将超声波转变成电讯号，并传至接收放大的电路中，经检验后在示波管荧光屏的扫描线上出现表面发射波（始波）、缺陷反射波和底面反射波，从而根据始波和缺陷波之间的距离即可决定缺陷距离工件表面的位置。

下面主要阐述典型焊接缺陷的波形特征。

（1）气孔

气孔（单个气孔或密级气孔）为球形，发射面积较小，在荧光屏上单纯出现一个尖波，波形比较单一，较稳定。

（2）裂纹

裂纹发射面积比气孔大，并较为曲折，在荧光屏上往往出现锯齿较多的光波。

（3）夹渣

夹渣本身形状不规则，表面粗糙，故波形由一串高低不同的小波合并而成，波长较宽。

（4）未焊透

未焊透由于一半位于焊缝中心线上，因而有一定的长度，反射面积大，波幅较高。

第9章　手工焊缝缺陷的预防与排补

9.1　基本概念

9.1.1　焊接缺陷

　　焊接接头的不完整性称为焊接缺陷，主要有焊接裂纹、未焊透、夹渣、气孔和焊缝外观缺陷等。如图9-1所示，这些缺陷减少焊缝截面积，降低承载能力，产生应力集中，引起裂纹；降低疲劳强度，引起焊件破裂导致脆断。其中危害最大的是焊接裂纹和气孔。

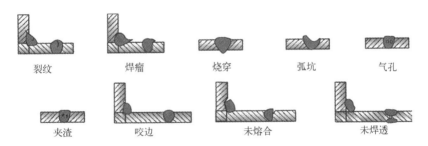

裂纹　　　焊瘤　　　烧穿　　　弧坑　　　气孔

夹渣　　　咬边　　　　未熔合　　　　未焊透

图9-1　几种常见焊接缺陷

9.1.2　焊前准备

　　构件边缘必须按规定进行清理，边缘部位应干净、无毛刺、无气割熔渣、无油脂或油漆，另外接头必须干燥。固定零件的焊点不应太深，点焊位置应使其在施焊时能够重新熔合。焊前，检验员检查确认所有焊点处于良好状态，发现开裂的焊点应立即去除。

9.1.3 低温焊接

无论哪种焊接方式，在低温条件下焊接时(低于+5℃)，为避免造成低温焊接接头的不良效果(易脆、变硬而易裂，由于快速冷却和焊缝凝固造成的小眼和熔渣等缺陷)，必须采取如下的防护措施。

1) 在不受坏天气(如风、潮湿和气流等)干扰的区域施焊；

2) 干燥焊接接头，以避免潮湿引起材料收缩；

3) 焊接接头预热，以减缓焊后焊缝的冷却速度；

4) 焊后对焊缝加盖保温棉布，防止焊缝骤冷；

5) 焊接的最低温度为-10℃，采取所指的防护措施；

6) 必要时用火焰进行缓慢、均匀的预热。

9.2 缺陷分类

9.2.1 外观缺陷

外观缺陷(表面缺陷)是指不用借助于仪器，从工件表面可以发现的缺陷。常见的外观缺陷有咬边、焊瘤、凹陷及焊接变形等，有时还有表面气孔和表面裂纹，单面焊的根部未焊透等。

(1)咬边

咬边是指沿着焊趾，在母材部分形成的凹陷或沟槽，它是由于电弧将焊缝边缘的母材熔化后没有得到熔敷金属的充分补充所留下的缺口。产生咬边的主要原因是电弧热量太高，即电流太大，运条速度太小所造成的。焊条与工件间角度不正确，摆动不合理，电弧过长，焊接次序不合理等都会造成咬边。直流焊时电弧的磁偏吹也是产生咬边的一个原因。某些焊接位置(立、横、仰)会加剧咬边。

咬边减小了母材的有效截面积，降低了结构的承载能力，同时还会造成应力集中，发展为裂纹源。

(2)焊瘤

焊缝中的液态金属流到加热不足未熔化的母材上或从焊缝根部溢出，冷却后形成的未与母材熔合的金属瘤即为焊瘤。焊接规范过强、焊条熔化过快、焊条质量欠佳(如偏芯)，焊接电源特性不稳定及操作姿势不当等都容易带来焊瘤。在横、立、仰位置更易形成焊瘤。

焊瘤常伴有未熔合、夹渣缺陷，易导致裂纹。同时，焊瘤改变了焊缝的实际尺寸，会带来应力集中。管子内部的焊瘤减小了它的内径，可能造成流体堵塞。

(3)凹坑

凹坑是指焊缝表面或背面局部的低于母材的部分。凹坑多是由于收弧时焊条(焊丝)未做短时间停留造成的(此时的凹坑称为弧坑)，仰立、横焊时，常在焊缝背面根部产生内凹。

凹坑减小了焊缝的有效截面积，弧坑常带有弧坑裂纹和弧坑缩孔。

(4)未焊满

指焊缝表面上连续的或断续的沟槽。填充金属不足是产生未焊满的根本原因。规范太弱，焊条过细，运条不当等会导致未焊满。

未焊满同样削弱了焊缝，容易产生应力集中，同时，由于规范太弱使冷却速度增大，容易带来气孔、裂纹等。

(5)烧穿

烧穿指焊接过程中，熔深超过工件厚度，熔化金属自焊缝背面流出，形成穿孔性缺陷。

焊接电流过大，速度太慢，电弧在焊缝处停留过久，都会产生烧穿缺陷。工件间隙太大，钝边太小也容易出现烧穿现象。

烧穿是压力容器产品上不允许存在的缺陷，它完全破坏了焊缝，使接头丧失其连接及承载能力。

(6)其他表面缺陷

1)焊缝成型不良。指焊缝的外观几何尺寸不符合要求，如焊缝超高、表面不光滑、焊缝过宽，以及焊缝向母材过渡不圆滑等。

2)错边。指两个工件在厚度方向上错开一定位置，它既可视作焊缝表面缺陷，又可视作装配成型缺陷。

3)塌陷。单面焊时由于输入热量过大，熔化金属过多而使液态金属向焊缝背面塌落，成型后焊缝背面突起，正面下塌。

4）表面气孔及弧坑缩孔。

5）各种焊接变形，如角变形、扭曲、波浪变形等都属于焊接缺陷，也属于装配成型缺陷。

9.2.2　气孔和夹渣

（1）气孔

气孔指焊接时，熔池中的气体未在金属凝固前逸出，残存于焊缝之中所形成的空穴。其气体可能是熔池从外界吸收的，也可能是焊接冶金过程中反应生成的。

1）气孔分类。气孔从其形状上分，有球状气孔、条虫状气孔；从数量上可分为单个气孔和群状气孔。群状气孔又有均匀分布气孔，密集状气孔和链状分布气孔之分。按气孔内气体成分分类，有氢气孔、氮气孔、二氧化碳气孔、一氧化碳气孔、氧气孔等。熔焊气孔多为氢气孔和一氧化碳气孔。

2）形成机理。常温固态金属中气体的溶解度只有高温液态金属中气体溶解度的几十分之一至几百分之一，熔池金属在凝固过程中，有大量的气体要从金属中逸出来，当凝固速度大于气体逸出速度时，就形成气孔。

3）产生原因。母材或填充金属表面有锈、油污等，焊条及焊剂未烘干会增加气孔量，因为锈、油污及焊条药皮、焊剂中的水分在高温下分解为气体，增加了高温金属中气体的含量。焊接线能量过小，熔池冷却速度大，不利于气体逸出。焊缝金属脱氧不足也会增加氧气孔。

4）危害。气孔减少了焊缝的有效截面积，使焊缝疏松，从而降低了接头的强度、塑性，还会引起泄漏，是引起应力集中的因素，氢气孔还可能促成冷裂纹。

5）防止措施。防止措施主要有：清除焊丝、工作坡口及其附近表面的油污、铁锈、水分和杂物；采用碱性焊条、焊剂，并彻底烘干；采用直流反接并用短电弧施焊；焊前预热，减缓冷却速度；用大电流进行施焊。

（2）夹渣

夹渣是指焊后熔渣残存在焊缝中的现象。

①夹渣的分类

1)金属夹渣：指钨、铜等金属颗粒残留在焊缝之中，习惯上称为夹钨、夹铜。2)非金属夹渣：指未熔的焊条药皮或焊剂、硫化物、氧化物、氮化物残留于焊缝之中的现象。

②夹渣的形状

有单个点状夹渣、条状夹渣、链状夹渣和密集夹渣。

③产生的原因

夹渣产生的原因主要有：1)坡口尺寸不合理；2)坡口有污物；3)多层焊时，层间清渣不彻底；4)焊接线能量小；5)焊缝散热太快，液态金属凝固过快；6)焊条药皮，焊剂化学成分不合理，熔点过高；7)钨极惰性气体保护焊时，电源极性不当，电流密度大，钨极熔化脱落于熔池中；8)手工焊时，焊条摆动不良，不利于熔渣上浮。可根据以上原因分别采取对应措施以防止夹渣的产生。

④夹渣的危害

点状夹渣的危害与气孔相似，带有尖角的夹渣会产生尖端应力集中，尖端还会发展为裂纹源，危害较大。

9.2.3　裂纹

焊缝中原子结合遭到破坏，形成新的界面而产生的缝隙称为裂纹。

(1)裂纹的分类

根据裂纹尺寸大小，分为三类。

1)宏观裂纹，即肉眼可见的裂纹。

2)微观裂纹，即在显微镜下才能发现的裂纹。

3)超显微裂纹，即在高倍数显微镜下才能发现的裂纹，一般指晶间裂纹和晶内裂纹。

从产生温度上看，裂纹分为两类：

1)热裂纹。产生于 Ac3 线附近的裂纹。一般是焊接完毕即出现，又称结晶裂纹。这种裂纹主要发生在晶界，裂纹面上有氧化色彩，失去金属光泽。

2)冷裂纹。指在焊毕冷至马氏体转变温度 M3 点以下产生的裂纹，一般是在焊后一段时间(几小时，几天甚至更长)才出现，故又称延迟裂纹。

3)层状撕裂。主要指由于钢材在轧制过程中，将硫化物(MnS)、硅酸盐类等杂质夹在其中，形成各向异性，在焊接应力或外拘束应力的使用下，金属沿轧制方向的杂物开裂。

4)应力腐蚀裂纹。在应力和腐蚀介质共同作用下产生的裂纹。除残余应力或拘束应力的因素外，应力腐蚀裂纹主要与焊缝组织组成及形态有关。

(2)裂纹的危害

裂纹，尤其是冷裂纹，带来的危害是灾难性的。世界上的压力容器事故除极少数是由于设计不合理、选材不当的原因引起的以外，绝大部分是由于裂纹引起的脆性破坏。

(3)热裂纹(结晶裂纹)

①形成机理

热裂纹发生于焊缝金属凝固末期，敏感温度区大致在固相线附近的高温区，最常见的热裂纹是结晶裂纹，其生成原因是在焊缝金属凝固过程中，结晶偏析使杂质生成的低熔点共晶物富集于晶界，形成所谓"液态薄膜"，在特定的敏感温度区(又称脆性温度区)，其强度极小，由于焊缝凝固收缩而受到拉应力，最终开裂形成裂纹。通常发生在杂质较多的碳钢、低合金钢、奥氏体不锈钢等材料气焊焊缝中。

结晶裂纹最常见的情况是沿焊缝中心长度方向开裂，为纵向裂纹，有时也发生在焊缝内部两个柱状晶之间，为横向裂纹。弧坑裂纹是另一种形态的常见热裂纹。

②影响结晶裂纹的因素

1)合金元素和杂质的影响。碳元素以及硫、磷等杂质元素的增加，会扩大敏感温度区，使结晶裂纹产生的几率增加。

2)冷却速度的影响。冷却速度过快，一是使结晶偏析加重，二是使结晶温度区间增大，两者都会增加结晶裂纹的出现几率。

3)结晶应力与拘束应力的影响。在脆性温度区内，金属的强度极低，焊接应力又使这部分金属受拉，当拉应力达到一定程度时，就会出现结晶裂纹。

③防止措施

1) 减小硫、磷等有害元素的含量，用含碳量较低的材料焊接。

2) 加入一定的合金元素，减小柱状晶和偏析。如铝、钛、钒、铌等元素的添加可细化晶粒。

3) 采用熔深较浅的焊缝，改善散热条件，使低熔点物质上浮在焊缝表面而不是存在于焊缝中。

4) 合理选用焊接规范，并采用预热和后热，减小冷却速度。

5) 采用合理的装配顺序，减小焊接应力。

(4) 再热裂纹

①再热裂纹的特征

1) 再热裂纹产生于焊接热影响区的过热粗晶区或焊后热处理等再次加热的过程中。

2) 再热裂纹的产生温度：碳钢与合金钢为 550 ~ 650℃，奥氏体不锈钢约为 300℃。

3) 再热裂纹为晶界开裂(沿晶开裂)。

4) 最易产生于沉淀强化的钢种中。

5) 与焊接残余应力有关。

②产生机理

再热裂纹的产生机理有多种解释，其中模形开裂理论的解释如下：近缝区金属在高温热循环作用下，强化相碳化物(如碳化铁等)沉积在晶内的位错区上，使晶内强化强度大大高于晶界强化，尤其是当强化相弥散分布在晶粒内时，阻碍晶粒内部的局部调整，又会阻碍晶粒的整体变形，这样，由于应力松弛而带来的塑性变形就主要由晶界金属来承担，于是晶界应力集中，就会产生裂纹，即所谓的模形开裂。

③防止措施

1) 注意冶金元素的强化作用及其对再热裂纹的影响。

2) 合理预热或采用后热，控制冷却速度。

3) 降低残余应力避免应力集中。

4) 回火处理时尽量避开再热裂纹的敏感温度区，或缩短在此温度区内的停留时间。

（5）冷裂纹

①冷裂纹的特征

1）产生于较低温度，且产生于焊后一段时间以后，故又称延迟裂纹。

2）主要产生于热影响区，也有发生在焊缝区的。

3）冷裂纹可能是沿晶开裂，穿晶开裂或两者混合出现。

4）冷裂纹引起的构件破坏是典型的脆断。

②冷裂纹产生机理

1）淬硬组织（马氏体）减小了金属的塑性储备。

2）接头的残余应力使焊缝受拉。

3）接头内有一定的含氢量。

含氢量和拉应力是冷裂纹（这里指氢致裂纹）产生的两个重要因素。一般来说，金属内部原子的排列并非完全有序的，而是有许多微观缺陷。在拉应力的作用下，氢向高应力区（缺陷部位）扩散聚集。当氢聚集到一定浓度时，就会破坏金属中原子的结合键，金属内就出现一些微观裂纹。应力不断作用，氢不断地聚集，微观裂纹不断地扩展，直至发展为宏观裂纹，最后断裂。决定冷裂纹的产生与否，有一个临界的含氢量和一个临界的应力值，当接头内氢的浓度小于临界含氢量或所受应力小于临界应力时，将不会产生冷裂纹（即延迟时间无限长）。在所有的裂纹中，冷裂纹的危害性最大。

③防止冷裂纹的措施

1）采用低氢型碱性焊条，严格烘干，在 100～150℃下保存，随取随用。

2）提高预热温度，采用后热措施，并保证层间温度不小于预热温度，选择合理的焊接规范，避免焊缝中出现淬硬组织。

3）选用合理的焊接顺序，减少焊接变形和焊接应力。

4）焊后及时进行消氢热处理。

9.2.4　未焊透

未焊透指母材金属未熔化，焊缝金属没有与接头根部熔合的现象。

(1)产生原因

1)焊接电流小，熔深浅。

2)坡口和间隙尺寸不合理，钝边太大。

3)磁偏吹影响。

4)焊条偏芯度太大。

5)层间及焊根清理不良。

(2)产生危害

未焊透的危害之一是减少了焊缝的有效截面积，使接头强度下降。另外，未焊透引起应力集中，成为裂纹源，是造成焊缝破坏的重要原因。

(3)防止措施

使用较大电流来焊接是防止未焊透的基本方法。另外，焊角焊缝时，用交流代替直流以防止磁偏吹。合理设计坡口并加强清理，用短弧焊等措施也可有效防止未焊透的产生。

9.2.5　未熔合

未熔合是指焊缝金属与母材金属或焊缝金属之间未熔化结合在一起的缺陷。按其所在部位，未熔合可分为坡口未熔合、层间未熔合、根部未熔合三种。

(1)产生原因

1)焊接电流过小；2)焊接速度过快；3)焊条角度不对；4)产生了弧偏吹现象；5)焊接处于下坡焊位置，母材未熔化时已被熔化金属覆盖；6)母材表面有污物或氧化物，影响熔敷金属与母材间的熔化结合。

(2)产生危害

未熔合是一种面积型缺陷，坡口未熔合和根部未熔合对承载截面积的减小影响非常明显，应力集中也比较严重，其危害性仅次于裂纹。

（3）防止措施

采用较大的焊接电流，正确地进行施焊操作，注意坡口部位的清理。

9.2.6　其他缺陷

（1）焊缝化学成分或组织成分不符合要求

焊材与母材匹配不当或焊接过程中元素烧损等原因，容易使焊缝金属的化学成分发生变化，造成焊缝组织不符合要求，这可能带来焊缝力学性能的下降，还会影响接头的耐蚀性能。

（2）过热和过烧

若焊接规范使用不当，热影响区长时间在高温下停留，会使晶粒变得粗大，即出现过热组织。若温度进一步升高，停留时间加长，可能使晶界发生氧化或局部熔化，出现过烧组织。过热可通过热处理来消除，而过烧是不可逆转的缺陷。

（3）白点

在焊缝金属的拉断面上出现的像鱼目状的白色斑点，主要是由于氢聚集而造成的，其对焊缝质量危害极大。

9.3　缺陷预防

9.3.1　外观缺陷(表面缺陷)

外观缺陷指不用借助于仪器，从工件表面就可以发现的缺陷。如：外观质量粗糙，鱼鳞波高低、宽窄发生突变，焊缝与母材非圆滑过渡等。

主要原因：操作不当，返修造成。

危害：应力集中，削弱承载能力。

预防措施：增加焊接过程的稳定性，选择合理的焊接规范，避免熔融过程不均匀，尽量减少补焊次数。

9.3.2　咬边

主要原因：1)焊接参数选择不对，U、I 太大，焊接速度过慢；2)电弧拉得太长，熔化的金属不能及时填补熔化的缺口。

危害：母材金属的工作截面减小，咬边处应力集中。

预防措施：矫正操作姿势，选用合理的焊接参数，采用良好的运条方式都会有利于消除咬边。电弧焊角焊缝时，用交流代替直流焊接也能有效地防止咬边。

9.3.3　弧坑

弧坑是由于收弧和断弧不当在焊道末端形成的低洼部分。

主要原因：焊丝或者焊条停留时间短，填充金属不够。

危害：1)减少焊缝的截面积；2)弧坑处反应不充分容易产生偏析或杂质集聚，弧坑处往往有气孔、灰渣、裂纹等。

预防措施：选用有电流衰减系统的焊机，尽量选用平焊位置，选用合适的焊接规范，收弧时让焊条在熔池内短时间停留或电弧在熔池内环形摆动，填满弧坑。

9.3.4　烧穿

主要原因：1)焊接电流过大；2)对焊件加热温度过高；3)坡口对接间隙太大；4)焊接速度慢，电弧停留时间长等。

危害：1)表面质量差；2)烧穿的下面常有气孔、夹渣、凹坑等缺陷。

预防措施：选用较小电流并配合合适的焊接速度，减小装配间隙，在焊缝背面加设垫板或药垫，使用脉冲焊，能有效地防止烧穿。

9.3.5　焊瘤

熔化金属流淌到焊缝以外未熔化的母材上所形成的局部未熔合。

主要原因：焊接参数选择不当；坡口清理不干净，电弧热损失在氧化皮上，使母材未熔化。

危害：表面是焊瘤下面往往是未熔合，未焊透；焊缝几何尺寸变化，应力集中，管内焊瘤减小管中介质的流通截面积。

预防措施：使焊缝处于平焊位置，正确选用规范，运调过程要均匀，选用无偏芯焊条，合理操作。

9.3.6　气孔

主要原因：1）电弧保护不好，弧太长；2）焊条或焊剂受潮，气体保护介质不纯；3）坡口清理不干净。

危害：从表面上看是减少了焊缝的工作截面；更危险的是和其他缺陷叠加造成贯穿性缺陷，破坏焊缝的致密性。连续气孔则是结构破坏的原因之一。

预防措施：选择合理的电弧长度、保护气体流量和气体纯度，按焊接工艺要求对被焊金属和焊材进行处理，控制好焊接环境。

9.3.7　夹渣

焊接熔渣残留在焊缝中。易产生在坡口边缘和每层焊道之间非圆滑过渡的部位，焊道形状突变，存在深沟的部位也易产生夹渣。

主要原因：1）熔池温度低（电流小），液态金属黏度大，焊接速度大，凝固时熔渣来不及浮出；2）运条不当，熔渣和铁水分不清；3）坡口形状不规则，坡口太窄，不利于熔渣上浮；4）多层焊时熔渣清理不干净。

危害：较气孔严重，因其几何形状不规则尖角、棱角对机体有割裂作用，应力集中是裂纹的起源。

预防措施：合理选择焊接参数，注意焊缝层间清理。合理选择焊枪（焊条）运行角度，避免焊缝氧化或熔渣的侵入。

9.3.8　未焊透

当焊缝的熔透深度小于板厚时形成。单面焊时，焊缝熔透达不到钢板底部；双面焊时，两道焊缝熔深之和小于钢板厚度时形成。

主要原因：1）坡口角度小，间隙小，钝边太大；2）电流小，速度快来不及熔化；3）焊条偏离焊道中心。

危害：工作面积减小，尖角易产生应力集中，引起裂纹。

预防措施：选择合理的焊接参数，严格控制焊接坡口角度和焊接间隙。焊接时控制电弧与焊缝的对中性，防止发生电弧热量偏置。

9.3.9　未熔合

熔焊时焊道与母材之间或焊道与焊道之间未能完全熔化结合的部分。

主要原因：1)电流小、速度快、热量不足；2)坡口或焊道有氧化皮、熔渣等，一部分热量损失在熔化杂物上，剩余热量不足以熔化坡口或焊道金属；3)焊条或焊丝的摆动角度偏离正常位置，熔化金属流动而覆盖到电弧作用较弱的未熔化部分，容易产生未熔合。

危害：因为间隙很小，可视为片状缺陷，类似于裂纹。易造成应力集中，是危险性较大的缺陷。

预防措施：严格控制焊件坡口和焊件对接间隙的均匀性，控制好焊接速度和焊接电流的匹配，保证焊接接头充分熔融的一致性。

9.3.10　焊接裂纹

危害最大的一种焊接缺陷。在焊接应力及其他致脆因素共同作用下，材料的原子结合遭到破坏，形成新界面而产生的缝隙称为裂纹。它具有尖锐的缺口和长宽比大的特征，易引起较高的应力集中，而且有延伸和扩展的趋势，所以是最危险的缺陷，需要根据实际情况和需要进行针对性的、有效的综合控制。

9.4　缺陷排补

焊接缺陷的排补一般有两种方法。一是重熔法，即在不去除已焊金属或基本金属的情况下，利用二次熔融(不加填充金属)来排除缺陷的方法。一般应用于不易氧化金属的薄件结构，如不锈钢等。二是去除法，即把有缺陷的部位进行排除，然后再进行填充二次焊接的方法。一般应用于中厚板或复杂焊接结构。

表 9 - 1 列出了各种缺陷发生原因及补救方法。

表 9 - 1　各种缺陷发生原因及补救方法

序号	缺陷	简图	发生原因	补救方法
1	咬边		1）焊接角度或速度不当或摆动方法不当； 2）电流太大； 3）母材过热； 4）母材接头锈污未清除干净	砂轮修磨，不足处补焊
2	焊瘤		1）焊接电流过低； 2）焊接速度过慢； 3）手工电弧焊时电弧过短	砂轮磨除
3	弧坑裂纹		1）焊后冷却速度过快； 2）焊条含氢量过高； 3）母材含碳量、含硫量过高； 4）焊道拘束度过大； 5）焊接电流过大，焊速过快； 6）坡口角度小，焊接电流过大； 7）根部焊道过小，焊接熔化量过大，冷却缓慢	完全清除后，再焊接
4	夹渣		1）焊速过慢，焊接电流过小； 2）焊渣清除不干净； 3）坡口形状不良； 4）操作技能差	缺陷清除后，再焊接

（续表）

序号	缺陷	简图	发生原因	补救方法
5	气孔		1）焊条潮湿，焊接坡口脏； 2）电流过大； 3）母材含硫量高； 4）气体保护不良	清除缺陷，再焊接
6	针孔		1）焊条收弧技术不良； 2）焊材潮湿； 3）焊接坡口潮湿	清除缺陷，再焊接
7	焊道裂纹		1）焊材误用； 2）焊条潮湿； 3）坡口潮湿	完全清除后，再焊接
8	焊道形状不良		1）焊接电流电压不当； 2）焊接速度过快或过慢	砂轮修磨
9	未焊透		1）坡口不当； 2）焊接电流过小； 3）焊接速度过快； 4）磁偏吹； 5）电弧太高	清除后，再焊接
10	余高过大		1）焊接速度过慢； 2）焊条尺寸过大	砂轮修整
11	角焊缝尺寸过小或过大		1）焊接技能差； 2）焊条尺寸不合适	补焊或打磨
12	角焊缝焊喉尺寸过小		1）焊接速度过快； 2）焊条直径过大	补焊

（续表）

序号	缺陷	简图	发生原因	补救方法
13	角焊缝焊喉尺寸过大		1）焊速过慢； 2）焊条尺寸过大	打磨修整
14	焊接飞溅	略	1）焊接电流大，电弧过高； 2）发生偏弧	打磨清除
15	熔合不良	4012 4013	1）坡口有杂物； 2）焊接电流小； 3）摆动技巧差； 4）焊接速度慢，焊层过厚	清除后，重新焊接
16	变形	略	1）焊接顺序不当； 2）焊接速度慢	油压机校形
17	翘曲	略	1）焊缝收缩； 2）工件固定不当； 3）过热	油压机校形

第10章 手工焊接工艺及生产管理方法探讨

10.1 手工焊接未来应用及发展趋势分析

10.1.1 手工焊接在工业领域的应用价值

　　焊接是加工制造领域中应用较为广泛的一项热加工工艺技术。对于焊缝轨迹规则的产品，较容易通过变位机的运行代替手持焊具的运动，进而实现自动焊，并在管道制造、壁板拼接等工业领域体现出其明显的成本、效率及质量一致性优势；随着科技快速发展，机器人技术、编程技术、数字化及信息化技术得到广泛应用，对于焊缝轨迹相对复杂、批量较大的产品，可通过开发智能化程度较高的机器人自动化焊接系统实现其自动焊接，这在汽车工业领域应用较多。但是，对于焊缝轨迹复杂、批量较小的产品，尤其在民用产品领域，考虑到成本及效率因素，在相当长的一段时期内，手工焊接仍将是主体工艺，并在工业领域发挥其不可替代的作用。

10.1.2 手工焊接未来发展趋势探讨

　　手工焊接在国民经济建设中占有重要地位，甚至在大街小巷我们可以随处看到最基本的手工电弧焊。随着人们对产品品质的不懈追求，不断地提高手工焊接质量已经成为业内的共识。而手工焊接过程控制则是影响手工焊接质量的重中之重。本书作者组织团队对手工焊接过程控制进行了较为深入的研究，形成了一定的经验和体会。

　　基于手工焊接不能完全被自动化技术所替代的认识，未来手工焊接将朝着便于人工操作、便于过程控制、操作水平持续提升等方面发展。

　　（1）便于人工操作

　　人工操作是手工焊接的主要环节，也是贯穿手工焊接生产过程的主线。面对批量的手工焊接任务，寻找能够让工人操作更加方便的方法将成为未来发展的　个重点方向。通过提高工人操作的便捷程度，能够降低工人的劳动强度，使得在面对相同任务的情况下具备更好的操作状态。因此，无论从质量控制角度出发，还是从人性化角度考虑，便于人工操作均是未来的发展方向。

（2）便于过程控制

加工过程最终目的是获得满足一定质量要求的产品，尤其是近年来随着客户群体对产品品质的要求越来越高，人们愈加重视对焊接质量的控制。而产品焊接质量的控制需关注从原材料到最终质量检测的全过程。因此，未来的发展方向将是如何更好地控制焊接过程，如何设计便于控制的焊接过程。

（3）操作水平持续提升

手工焊接归根结底是一种依赖于人员技能水平的"一门手艺"。以往，受落后的思想及条件限制，诸多人员的优秀技能未能得到较好的积累、发扬和传承，很大程度上限制了手工焊接操作技术水平的提高。因此，人们未来将更加重视手工焊接工艺的重要意义，并着力寻找更好的方式加强技能人才培训和技能传承工作，以期使得手工焊接水平在积累和继承中不断提高。

10.2　手工焊接工艺技术管理与控制

10.2.1　手工焊接过程一致性控制

（1）系统分析手工焊接过程特点，找到控制方法和切入点

电弧焊接是焊接的一种基本形式，到目前为止，在焊接的应用中仍居主要地位。该方法就是对能够产生接合的两个部件的一部分进行熔化、混合，凝固后就形成了两部件的接合。

在批量少和品种多的情况下，在科研、返工和返修的过程，手工焊接能发挥自动焊接不可替代的作用。手工焊接与自动焊接相比，所需设备较简单，但焊接质量及一致性较难控制。

想要控制手工焊接过程，那么就要找到控制方法和切入点。与钎焊、压焊相比，熔焊有自己的特点，在众多熔焊方法当中，手工焊接又具备自身的特点。手工焊缝多为采用常规自动焊技术无法实现或实现代价过高的情况下采用，焊接过程、焊缝质量影响因素及

环节较多，且潜在因素多，一致性控制难度大，焊缝可无损检测比率低，焊缝内部质量多需通过剖切、液气压试验等手段进行旁证。控制手工焊接过程可从以下四个方面入手：

1）明确影响手工焊接的主要因素；

2）不断提高操作人员技能水平；

3）规范典型结构的操作技法；

4）实现过程监测。

（2）明确手工焊接过程质量影响要素，抓准控制对象和关键点

影响焊接工序质量的因素，概括起来有：人员、设备、材料、工艺方法和生产环境五个方面，简称"人、机、料、法、环"五个因素。各个因素对不同工序质量的影响程度有很大差别，应具体情况具体分析。焊接，是焊接结构生产中的重要工序，影响其质量的因素同样是上述五个方面。

手工焊接质量的影响因素包括环境因素、设备因素、操作因素。环境因素，包括环境温度、环境湿度、有无过堂风等；设备因素，包括设备性能稳定性、焊接电流、焊接电压、保护气流量等；操作因素，包括熔池状态观察、焊枪角度、施焊顺序、操作技法等。针对不同的焊接结构，以上十项因素的侧重不同，因此，针对具体结构尚需进行具体分析。

（3）统一典型结构操作技法，提高过程一致性

在一个企业里，具体到一个生产车间里，焊工技能水平高低不同，对待典型接头结构的操作技法亦不相同。针对某一典型结构，存在不同的操作技法，但最适宜的技法只有一个。因此，寻找到最适宜的操作技法，并形成规范化操作手册，一方面能够将高技能人才的技艺以文字形式留存和传承，另一方面，也极大地促进了手工焊接过程一致性的控制。

当代，随着科技的快速发展，手工焊接更多地受限于接头结构形式，这些结构形式导致一些焊缝必须依靠手工焊接完成，而这些焊缝又可以细分为管嘴、筋板、干涉、不可见等多种典型类型。因此，有必要总结高技能人才实操经验，并结合焊接基础理论，编制形成一本用于指导手工焊接操作的技术手册，规范化典型结构的操作过程，一方面拓宽高技能人才技能的普及程度，另一方面方便手工焊接过程一

致性的控制。统一典型结构操作技法可从以下三个方面入手：

1)有人的地方就有竞争，就有比较，优选的典型结构操作技法必然会面临一些技能人员，尤其是高技能人员的反对或不认可。因此，在推行制度和培训之前，一定要充分做好思想动员工作，为方法推行做好环境准备工作。

2)为了保证成文的指导手工焊接操作的技术手册能够顺利推行并发挥效果，最适宜的方式便是有一个强有力的管理制度，并试点执行。

3)拓宽操作手册的应用范围，从起初的面向一线操作人员拓宽到面向主管领导、主管技术人员，可作为新员工的入门培训教材之一，可作为主管领导了解细节工作的参考资料，亦可作为技能人才成长和进步的标杆。

(4)应用过程监测系统，提高过程透明度

目前，手工焊接过程信息更多地局限于人工记录和纸质存档，过程数据缺乏有效的实时性，不便于追溯。国内市场上现已有了一些具备焊接过程监测能力研发的机构，其中不乏从国外直接进口的厂商，并且这些设备和方法已在国内焊接领域尤其是军工领域得到了一定应用，虽然应用效果尚不尽如人意，但这些却为后续手工焊接过程控制指明了新的方向。

10.2.2　手工焊接技术积累与提高

随着国家工业基础水平的不断提高，以自动化加工为代表的加工制造技术水平持续提高。与此同时，以作为手工焊接过程监测系统为代表的手工焊接相关技术也取得了长足进展。本书认为，影响手工焊接技术水平提高主要体现在人员技能培养及技能传承两个方面。

(1)技能培养

操作技能是影响手工焊接施工对象范围和质量的决定性因素。因此，技能培养是焊工上岗前的重要环节，同时在焊工在岗状态下，技能培养应该是一项持续性工作。

与其他操作技能相类似，焊接技能培养同样需求的是高水平技能来源(师傅)、教授过程(培训)及质量控制(制度)。目前，工厂及相关焊接技能培训部门通常的做法是聘用技能较高的师傅，制订科学严谨的培训教程，并配套相应的管理制度，整个培养过程常态化，且很少革新。本书特别指出的是，提高技能培养水平的关键环节在于三个方面：其一，通过研讨分析的方式拟定技能来源，不再拘泥于技能大师的范畴，通过团队的形式明确最优技能来源。目前，国家正在开展的技能大师工作站恰好可有效承接此项任务。其二，高度重视教授过程，不应局限在"简单的理论培训 + 大量的实践操作"的模式上，需要大胆创新，并推进"理论培训 + 实践操作 + 原理分析"的模式，让技能人员针对特定的操作技能达到理论与实际相结合、原理清楚、关键操作要点理解透彻的状态。其三，严肃技能人员培养制度，将相应的考核与奖惩做到实处，避免"有师傅、有培养、无考核"的模式，有效促进人才渐进式成长。

（2）技能传承

自焊接技术诞生以来，通过一代又一代焊接人的努力，在长期的工业生产过程中，积累了大量宝贵的操作技能和实践经验。然而，关于焊接技能的传承却很少得到应有的重视。同行们更重视技术创新和理论研究，却忽视了直接影响焊接质量的操作环节。

技能的传承涉及较多因素，尤其是师傅本人的想法可能影响其技能的传承力度。因此，统一思想显得尤为重要。需要在全体员工中统一思想，让技能高超的焊工都知道"能够让自己多年的经验和高超的技能以资料的形式传承下去，是一件对社会有意义、对企业有意义、对个人有意义的事情"，同时更能明显提高企业和社会对自身技能水平的认可及为社会贡献的肯定程度。坚持杜绝"教会徒弟、饿死师傅"的落后思想。

（3）防止手工焊接时产生过度疲劳

手工焊接是一种非常艰苦的工作，焊工极易受到烟尘、高温、弧光、噪声、振荡、过度疲劳及意外事故的伤害，所以很少有人终身从事手工焊接工作。在国内，一般焊工在 45 岁以上，半自动化焊工还要更早些便离开焊接生产第一线了。从传统的概念上看，在手工焊接存在的危险因素中，过度疲劳常常被忽视，然而在瑞典最新的保险统计资料表明，过度疲劳引起的职业病是最多的。在焊接生产中怎样才能减轻劳动强度、避免焊工发生过度疲劳呢？

首先是使用变位器、叉桌及工作平台等装备，使焊工永远处于较舒适的工作位置，不合适的工作位置会引起肌肉负载增加，工作时间越长，肌肉的承受能力越低，从而产生过度疲劳，这是应当避免的。其次，设计或采用更为轻便的焊接器具也是一个降低焊工疲劳的有效措施，通过减少焊枪、焊工帽等手持或身载焊具重量，同样可以降低焊工的肌肉疲劳程度，进而在相同工作时间内提高焊工操作质量。第三，改善生产现场环境是另一个缓解焊工疲劳的有效措施，也是经常被焊接管理者忽略的一个因素。良好、健康的工作环境有助于焊工的身心健康，同时能够促进焊工心理状态的提升，进而保证焊工能够正常发挥自身的技能水平。

10.2.3　手工焊接工艺要求在工艺文件中的体现

受工艺特点限制，手工焊接的全过程技术要求无法全部在工艺文件中体现出来，尤其是姿态、轨迹等动作信息。此外，受不同技能人员操作手法的不同，焊接工艺参数可能存在较大的区别，因此焊接设备参数也难以在工艺文件中准确控制。但是，诸如环境要求等可以量化考核的项目是完全可以纳入工艺文件的。

然而，必须寻找一种适合的方式，将难以量化的控制因素的控制要求体现在工艺文件中。指导工人操作的不应该是仅有一本单一的工艺规程，还应该包括约束并指导工人操作的操作规范。

（1）量化控制要求

量化控制方面应包括焊接电流、焊接电压、保护气流量等因素，需要在操作规范中明确具体控制范围。

（2）定性控制要求

定性控制要求是操作规范的控制难点，同时也是关键环节。定性控制的内容应包括操作姿态、焊接速度、电弧高度、填丝位置和速度等焊接过程因素。此外，对于焊接环境温湿度、待焊部位焊前清理状态确认、焊后清理等工作均应给出控制要求。

10.3　手工焊接生产现场管理

10.3.1　人员管理

人员管理重视持证上岗、论级分工、结果考核等三个方面。

（1）持证上岗

针对某产品的操作者在上岗前，必须确认是否满足要求，必须做到持证上岗。

（2）论级分工

操作人员按技能水平的高低分为不同级别，产品按照焊缝复杂程度和焊缝等级要求亦可分为不同级别。管理人员需根据不同焊缝，确定不同级别的操作人员，并严格划分，杜绝错级施工。

（3）结果考核

对施工结果的考核是控制焊接质量的一个有效措施。考核方法尤为重要。

10.3.2　设备管理

设备管理重视布局合理、运行正常、安全可靠等三个方面。

（1）布局合理

设备布局归于工艺布局的范畴，重点关注生产模式，针对生产线、制造单元、配套操作工位有着不同的工艺布局要求。因此，设备布局需要关注工艺布局的规划要求。

（2）运行正常

考虑到手工焊接设备一般便于移动，可在实际生产过程中，不断改进优化。但设备运行情况需要高度关注。设备运转过程中各线路接口等应处于正常状态，设备参数应稳定输出，保障焊接过程不因设备不稳定而间断或出现异常。

（3）安全可靠

安全是生产现场受限需要考虑的问题。设备应处于安全操作位置，不影响物料周转，并便于工人操作。此外，焊枪与焊接电源之间、焊接电源与配电柜之间的接线是否正常需关注。

10.3.3　物料管理

物料管理遵循明显区分、井然有序、全程追溯三个方面。

构建以焊丝为导向的工艺布局，氩弧焊接现场整体上分为自动焊区和手工焊区，对不同区域采用不同的工艺布局。

（1）自动焊工位

引入"现场信息控制系统"。自动焊用焊丝以整盘形式使用，焊丝盘上的标识牌通过"现场信息控制系统"与产品上的待焊焊缝进行对接，在认证通过后方可进行焊接。

（2）手工焊工位

根据焊丝种类不同，将手工焊接划分为不同的操作工位。手工焊焊丝以分段形式使用，在每个操作工位执行"人动、设备不动、焊丝不出区"的原则，即达到在指定工位仅有一种牌号焊丝的状态，操作人员按生产派工，在不同工位间转换，但焊丝不出工位。

10.3.4 环境管理

环境管理重视满足要求、操作舒适、节能减排等三个方面。

（1）满足要求

环境温度、环境湿度对焊接质量有着直接的影响，因此环境温度、环境湿度要求是焊接现场必备的两个控制点。此外，从职业健康角度考虑，通风、除尘、照明、噪声等因素也是现场环境管理重点考虑的环节。

（2）操作舒适

操作舒适程度对于控制手工焊接质量具有重要的影响。尤其是在温度极热或极冷的情况下，焊工很难以最佳身心状态投入焊接操作，对焊接质量将造成不可控制的影响。因此，在现场环境满足工艺及健康要求的基础上，尚需考虑操作舒适程度的控制。现场"6S"管理是控制生产现场环境的有效手段，企业可以尝试推广。

（3）节能减排

现场环境的管理不是一刀切的温度、湿度、通风、除尘、照明、噪声等均需要时刻控制。作为企业管理人员，必须注意节能与减排工作，同时成本也是必须要考虑的因素。需要形成实用、完整的现场环境管理制度，包括在不同的季节、不同的天气下各类资源如何使用的问题，这些信息根据气候特点、厂房门窗的不同设置而不同。

第11章　手工焊接生产安全

焊接技术是现代工业生产中一种重要的金属加工工艺，在汽车、建筑、造船以及航空航天等许多领域都得到了广泛应用。近五十年来，随着等离子弧焊、电子束焊、激光焊等先进焊接方法的不断涌现，焊接技术已经达到了一个新的水平，使焊接技术在生产上的应用范围日趋扩大，随之也会出现更多的不安全因素。

焊接过程常利用电能或化学能转化为热能来加热焊件，焊接时可能要与电、易燃易爆气体、压力容器等接触，在焊接过程中还有可能产生焊接烟尘、弧光辐射、有害气体、高温辐射、高频磁场、噪声等危害因素，尤其手工焊接操作人员必须近距离与上述危害因素接触。如果焊接人员不熟悉有关焊接方法的安全技术以及焊接安全操作规程，就可能引起触电、灼伤、火灾、爆炸、中毒、窒息等事故。因此，焊接生产人员必须深刻了解焊接安全技术，熟知在焊接过程中危害焊工职业健康的危险源种类，掌握消除职业健康危害的各项技术措施。

11.1　常见事故、原因以及安全防护措施

11.1.1　发生电击事故的原因

电流通过人体内部，破坏心脏、肺部或神经系统的功能叫电击，通常称触电。电击是所有利用电能转化为热能的焊接工艺(如手工电弧焊、氩弧焊、二氧化碳焊、等离子弧焊等)共同存在的主要危险。电击事故会使人产生麻感、针刺感、压迫感、打击感、痉挛、疼痛、呼吸困难、血压异常、心律不齐、窒息、心室颤动等症状。发生电击事故的主要原因如下：

(1)直接原因

1)焊接人员在焊接操作中，手和身体某部位接触到焊条、电极或焊枪等带电部位，而脚下或身体其他部位对地和金属结构之间又

没有绝缘防护。

2）焊接人员在接线、调节焊接电流或移动焊接设备时，手或身体某部位接触接线柱、极板等带电体。

3）焊接人员在登高焊接时触及或靠近高压网引起的触电事故。

（2）间接原因

1）人体接触到焊接设备外壳、电缆等漏电部位。

2）操作过程中触及绝缘破损的电路、胶木闸盒破损的开关等。

3）焊接人员操作不当，带电体与人体形成回路。

4）焊接设备、电缆与厂房内的金属结构形成焊接回路。

11.1.2　引发火灾和爆炸事故的原因

爆炸是指物质在瞬间以机械功的形式，释放出大量气体和能量的现象。焊接过程中，由于电弧温度很高并产生大量的金属火花飞溅物，而且还可能会与可燃及易爆的气体、易燃液体、可燃的粉尘或压力容器等接触，这些都有可能引起火灾甚至爆炸。引发火灾和爆炸事故的主要原因如下：

1）距焊接场地 5～10m 范围内有棉纱、油漆、汽油、煤油、木屑等易燃、易爆物品，作业时金属火花飞溅而引起的火灾或爆炸。

2）焊接场所通风、散热不良引起焊接设备过热。

3）焊接操作时线路超负荷或发生短路。

4）焊接操作时接触部位的电阻过大。

5）工作面通风、散热不良引起设备过热。

6）可燃气体（如乙炔、天然气等）与氧气或空气均匀混合到一定程度，遇到火源便发生爆炸。

7）对密闭容器或正在受压的容器进行焊接时可能会产生爆炸。

11.1.3　安全防护措施

（1）电击事故防护措施

1）焊工必须穿戴好符合规定的工作服、绝缘鞋、专用手套、焊接面罩、焊接护目镜等。

2）焊接操作前，应先检查焊接设备是否保护性接地或设置接零装置。

3)焊机外壳必须有完好的绝缘保护，接线头不裸露，焊机各部分连接牢靠，不得松脱。

4)焊接电源必须独立使用，且容量需保证与焊接操作匹配。

5)焊钳应有可靠的绝缘。中断工作时，焊钳要放在安全的地方，防止焊钳与焊件之间产生短路而烧坏焊机。

6)进行闭合和断开电源操作时，须穿戴好绝缘用品；完成工作后应先关闭焊机电源，再关闭总电源。

7)焊机的初级接线、检修须由专业的维护人员进行，焊接人员只可进行次级接线连接。

8)电弧焊更换焊条，焊接人员应戴好手套，避免身体与焊件接触。

9)遇到触电事故时，应立即切断电源，切不可赤手去拉触电者。

10)在容器内部施焊时，照明电压应采用12V，需保证足够的照明。

11)登高作业时不准将电缆线缠在身上或搭在背上，防止影响操作。

(2)火灾和爆炸事故防护措施

1)焊机周围应保持通风、散热良好，不宜距墙体较近。

2)焊接作业场所禁止存放易燃、易爆品，焊接场地10m范围内不应存放油类或其他易燃、易爆物质的贮存器皿或管线、氧气瓶。

3)焊接电缆必须柔软、合乎规格，具有耐油、耐热、耐腐蚀的性能，长度以20~30m为宜。

4)严禁在有压力的容器、密封罐以及贮存汽油、煤油、挥发性油脂的容器上进行焊接，必须清洗除掉易燃、易爆物质，解除容器压力、消除容器密闭状态，才能进行焊接。

5)不准在手把或接地线裸露情况下进行焊接，也不准将二次回路线乱接乱搭。

6)离开施焊场地，应关闭电源、气源、熄灭火种等，以消除可能引起火灾、爆炸的隐患，确认安全后方可离开。

11.2　电弧危害及防护

焊接电弧温度可达3000℃以上，在此高温下可产生强的弧光。

电弧辐射主要产生可见光、红外线和紫外线三种射线，而不会产生对人体危害较大的 X 光射线。弧光辐射到人体上被体内组织吸收，引起组织的热作用、光化学作用和电离作用，致使人体组织发生急性或慢性的损伤。

11.2.1　电弧辐射的危害

电弧辐射所发出的可见光亮度比人眼所能安全忍受的光线要强上万倍。过强的可见光会使人的眼睛炫目、流泪，甚至造成视力暂时性失明，通常叫电焊"晃眼"。焊条电弧焊可以产生全部波长的红外线(760 ~ 1500nm)，红外线属于热辐射线，波长越短对人体危害作用就越强。长波红外线可被皮肤表面吸收，使人产生热的感觉，短波红外线可被组织吸收，使血液和深部组织加热，产生灼伤。眼睛受到短波红外线的辐射，会使眼球晶体变化，长时间照射会导致白内障。波长范围为 233 ~ 290nm 的紫外线，具有强烈的生物学作用，可以被皮肤深部组织真皮吸收，造成严重灼伤。皮肤受电焊弧光强烈紫外线作用时，可引起皮炎，呈弥漫性红斑，有时出现小水泡，渗出液和浮肿，有烧灼感并发痒。电焊弧光紫外线作用严重时，还伴有头晕、疲劳、发烧、失眠等症。因电焊弧光紫外线过度照射引起眼睛的急性角膜炎、结膜炎，称为电光性眼炎。若长期受紫外线照射会引发水晶体内障眼疾。

11.2.2　焊接电弧辐射的防护

焊接电弧辐射对人体具有一定的危害性，但是只要采取正确的防护措施，可以有效地降低电弧辐射对人体的危害，从而保护焊接操作者的安全和健康。具体防护措施包括以下几个方面。

(1)佩戴好面罩

为保护眼睛不受弧光伤害，焊接操作者与辅助工都要有一定的防护措施，应配戴专业滤色玻璃的面罩或眼镜。面罩上的滤色玻璃即电焊护目镜片，须按照焊接电流的强度不同来选用不同型号的滤光镜片。GB/T3609—1994《焊接眼面防护具》对焊接滤光片的"紫外线透视比"、"可见光透视比"、"红外线透视比"都有非常具体和明确的规定，对滤光片的屈光度偏差和平行度也有明确的规定，必须全部性能符合 GB/T3609—1994 规定的焊接滤光片，才可使用。

另外，为防止面罩与护目镜片之间漏光，可在中间垫上一层橡胶片，同时在滤色玻璃外面可镶嵌一块普通透明玻璃，以避免金属飞溅而损坏护目镜片。

（2）做好个体防护

为防止焊接操作者皮肤受到电弧的伤害，宜穿浅色或白色帆布工作服，可以防止光线直接照射到皮肤及防止飞溅物落到身上。同时，工作服袖口应扎紧，扣好领口，使皮肤不外露。

（3）做好屏护措施

在作业现场，往往会发生多人作业或交叉作业场所从事电焊作业。此时，在施焊现场应做好屏护措施，设防护遮板，以防止电弧光刺伤焊工及其他作业人员的眼睛。屏护材料最好是用耐火材料，如石棉板、玻璃纤维布、铁板等，并涂以深色，其高度约 1.8cm，屏底距地面为 250～300mm，以供空气流通。

（4）保证眼睛的适当休息

眼睛是焊接操作者焊接过程中一个很重要的器官，焊接时间较长，使用的焊接参数较大时，焊接操作者应注意中间休息。如果已经出现电光性眼炎症状，应及时治疗。焊工在实践中创造了许多简易可行的治疗办法，如用黄瓜片覆盖眼睛，可以收到较好的疗效。

（5）保证较强的照明条件

在施焊场地设置较强的照明条件，一方面便于焊接操作，另一方面可以减轻弧光对焊工眼睛的刺激。

11.3　焊接烟尘和有害气体的危害及防护

焊接烟尘也称之为金属烟尘，焊接电弧的高温将使金属产生剧烈的蒸发，使得焊条和母材金属在焊接时会产生各种金属烟气，形成金属有毒气体，这些有毒气体和烟气在空气中凝结、氧化形成粉尘。此外，在焊接电弧的强烈紫外线作用下，在弧区周围可形成多种有毒有害气体，主要有臭氧、氮氧化物、一氧化碳和氟化氢等。

焊接烟尘与有毒气体可以从人的呼吸道、消化道、皮肤黏膜三个途径进入人体。其中，最主要的途径是呼吸道。从呼吸道吸收的毒物，不先经过肝脏解毒，而是直接进入血液分布到全身，因此，有害作用比较强而且迅速。由于接触焊接烟尘的人数最多，所以金属焊接烟尘是焊接过程中各种影响人体健康的有害因素中影响面最大的。

11.3.1　焊接烟尘与有害气体对人体的危害

（1）焊接烟尘的危害

焊接产生的金属粉尘成分复杂，不同成分的金属粉尘对人体的危害也有所不同。主要危害如下：

1）强烈刺激呼吸道。当金属氧化物、氮氧化物、臭氧等毒物进入人的呼吸道后，受这些毒物刺激，会出现咽喉干痛、发痒、咽部充血、发炎等症状，严重的可能出现急性化学性肺炎或肺气肿。

2）引起慢性中毒。当焊接操作者长时间工作在含有金属蒸气的环境中，会引起慢性中毒。如锰引起哮喘和血液病，氧化铁还会引起焊工尘肺等。

3）引起"金属热"病。"金属热"是由于人体大量吸入氧化铁、氧化锰微粒和氟化物等物质以后发生的一种发热反应，患者可能引起工作后寒战，继之发烧、倦怠、口内金属味、恶心、喉痒、呼吸困难、胸痛、食欲不振等症状。其中，锰蒸气和铜粉尘的危害尤其明显。

（2）有毒气体的危害

1）臭氧。在短波紫外线的激发下，空气中的氧被大量地破坏而生成臭氧。臭氧主要对人体的呼吸道及肺有强烈刺激作用。当人体吸入较高浓度（$\geq 10\,mg/m^3$）臭氧较长时间后，会有明显的呼吸困难、胸痛、胸闷、咳嗽、咳痰，严重的可引起肺水肿。其对人体的作用是可逆的，脱离接触后可得到恢复。

2）氮氧化物危害。氮氧化物是由于电弧高温作用引起空气中氮氧分子离解，重新结合而形成的。氮氧化物对人体的危害主要是对肺有刺激作用。氮氧化物中毒多是以呼吸系统急性损害为主的全身性疾病。慢性氮氧化物中毒时的主要症状是神经衰弱，如失眠、头痛、食欲不振、体重下降。此外，还可以引起慢性支气管炎及皮肤过敏和牙齿酸蚀症等。重度中毒时，咳嗽加剧，可发生肺水肿、呼吸困难、虚脱等症状。

3）一氧化碳中毒。一氧化碳是二氧化碳气体在电弧高温作用下分解形成的。它对人体的毒性作用是由于经呼吸道吸入的一氧化碳，使氧在体内的输送或组织吸收氧的功能发生障碍，造成组织内缺氧，出现一系列缺氧的症状和体征。焊接时，一氧化碳主要表现为对人的慢性影响，长期吸入低浓度的一氧化碳，可出现头痛、头晕、面色苍白、四肢无力、体重下降、全身不适等神经衰弱综合症。

4）氟化氢。氟化氢主要产生于手工电弧焊。焊条药皮中，通常含有萤石和石英石，在电弧高温作用下形成氟化氢气体。长期吸入氟及氟化氢或蒸气，可对眼鼻、呼吸道黏膜产生刺激，引起流泪、鼻塞、咳嗽、气急、胸疼，并使腰背、四肢关节疼痛，严重会引起氟骨症。

11.3.2　焊接烟尘与有害气体的卫生防护

电弧焊接区的通风是排除粉尘和有毒气体的有效措施，通风的方式有全面通风和局部通风两种。其中，局部通风是消除焊接烟尘、有毒气体危害和改善焊接劳动条件的重要措施。

1）焊接厂房全面通风。全面通风分为自然通风和机械通风两种。对于焊接车间或焊接量大、作业集中和作业不能固定的工作场所，应在设计焊接车间厂房时，考虑全面通风措施，以保证车间经常更换新鲜空气，作业场所环境中的有害物质浓度符合国家卫生标准。

2）焊接场地局部通风。局部通风分为送风和排气两种。局部送风只是暂时地将焊接区域附近作业地带的有害物质吹走。虽然，对作业地带的空气起到了一定的稀释作用，但可能污染整个车间，起不到排除粉尘和有毒气体的目的。局部通风因其结构简单、方便灵活、设计费用较少和效果明显等优点，应用较为普遍。

局部排气通常是在焊枪附近安装小型通风机械，如排烟罩、排烟焊枪、强力小风机和压缩空气引射器等，这样就可以将粉尘和有毒气体排出车间。

3）在封闭容器或舱室里焊接的通风。在封闭容器或舱室里焊接作业时，最好上下都有通风口，使空气对流良好，除了使用排气机外，必要时可用通风管把新鲜空气送到焊工身边，但是，严禁把氧气送入，防止发生燃烧。在特殊情况下，可使用焊工用的可换气防护头盔。

4）充分利用自然通风。焊接车间必须有一定的面积、空间和高度，这样，若能正确地调节侧窗和天窗，则可以形成良好的通风。能在露天焊接的焊件，尽量在露天焊接。一般情况下，只要保证焊接场所的自然通风，适当采用通风装置，焊工操作时在上风口，就能起到防毒、防尘的作用。

5）合理组织、调度焊接作业。避免焊接作业区过于拥挤，以免造成粉尘和有毒气体的聚集，形成更大的危害。

6）积极采用焊接新工艺、新技术扩大机械化焊接和半机械化焊接的使用范围。

另外，目前在机械零件中使用的某些塑料制品，受热后会分解产生有毒气体。因此，在对零件进行焊接前，应把塑料消除掉。若无法消除，焊接时应该使用专用防毒工具，同时应保证把焊接烟尘排出，防止中毒。

11.4　高温热辐射的防护

焊接电弧可产生 3000℃ 以上的高温。手工电弧焊时，电弧总热量的 20% 左右散发在周围空间。而且，电弧产生的强光和红外线还会造成对焊工的强烈热辐射。红外线虽然不能直接加热空气，但在被物体吸收后，辐射能转变成热能，使物体成为二次辐射热源。因此，焊接电弧是高温强辐射的电源，尤其是夏天，必须采取措施防暑降温，否则还会引起中暑。

中暑是在高温环境影响下，由于体温调节功能紊乱或繁重体力劳动所致的急性疾病。发病时常常表现为突然晕倒、意识丧失，严重的还伴有发烧、抽筋等症状。

遇到这种情况，应立即把中暑人员抬到阴凉通风的地方，让他安静地躺着，解开衣扣，用冷水擦身，用湿毛巾冷敷额部。如呼吸停止，需要施行人工呼吸。病情严重者应立即送医院急救。

在焊接工作场所加强机械通风或自然通风，是防暑降温的重要技术措施，尤其是在锅炉等容器或狭小的舱间进行焊、割时，应向容器或舱间送风和排气，加强通风。

在夏天炎热季节，为补充人体内的水分，给焊工供给一定量的含盐清凉饮料，也是防暑降温的保健措施。